JN001587

はじめに

　Illustratorは各ツールや効果の使い方を大まかに把握しておけば、描画を行うこと自体はそれほど難しくありません。実際に使いながら我流で慣れていくことでも、図やロゴを作る業務はある程度こなせるはずです。ですが、操作方法が効率的でなかったり、新しくできた機能を活用できていなかったりと、定期的に知識を棚卸ししないと困ることも出て来るものです。

　本書は、仕事としてIllustratorを扱うすべての方のために、基本機能の詳細と実践的なノウハウを解説した書籍です。"まずは使えるようになること"を目的とした基本的なツールの使い方等は前提知識として省き、より現場の仕事に即した内容を軸に構成しています。
　Chapter1は「プロファイル」や「環境設定」などの見落としがちな機能や選択・変形といった基本機能の詳細を包括的に洗い出しています。Chapter2は実際にプロがデザインパーツをIllustratorでどのように作成しているかをステップバイステップ形式で紹介。Chapter3では「手間のかかる作業をどのように効率化できるか」に的を絞ってIllustartorに備わっている機能を引き出しています。Chapter4では実際の納品データの作り方を印刷物とWebの各媒体ごとに解説しました。

　Illustratorはページレイアウトやパーツづくりなど、デザインの各場面で顔を出すツールです。ぜひ本書で"Illustratorの本当の使い方"をマスターして、デザインのプロとしての自信を深めていってください。

MdN編集部

Contents

Chapter 2

デザインパーツの作成

Chapter 3

作業を効率化する

Chapter4

媒体別データ作成のポイント

Contents

━ 本書の使い方 ━

● 全体の構成 ●

この本は、Illustratorを本格的に使えるようになりたいという方のための解説書です。中級／上級ユーザーを目指せるよう、本書は次のような構成になっています。Chapter 2とChapter 4で扱っているサンプルデータはダウンロードできますので、データを参考にしながら学習を進めることができます。

章の構成

Chapter 1	Illustratorの基本機能

Illustratorの基本的な機能を詳細に解説しています。ふだんなにげなく使用している機能も、詳しく知ることで、より効率的な使い方が見えてきます。気づいていなかった便利な機能も総ざらいできます。

Chapter 2	デザインパーツの作成

背景パターンやロゴ、グラフ、アイキャッチイラストなど、デザインパーツを作る工程をステップバイステップ形式で解説します。プロが実際にどのようにIllustratorを使用しているかの実例集です。

Chapter 3	作業を効率化する

Illustratorにはよく使う設定をテンプレート化したり、カラーバリエーションを手軽に作り出せたりするなど、いちいち手作業で行うと面倒な作業を効率化する機能が多く備わっています。

Chapter 4	媒体別データ作成のポイント

Illustratorは一般的に単体で完結することは少なく、印刷所へ入稿したり、画像へ書き出したりといった納品作業が必須です。印刷・Webそれぞれで納品データをどのように完成させていくかを解説します。

MacとWindowsの違いについて

本書の内容はmacOSとWindowsの両OSに対応しています。
本文の表記はMacでの操作を前提にしていますが、Windowsでも問題なく操作できます。Windowsをご使用の場合は、以下の表に従ってキーを読み替えて操作してください。

Mac			Windows
	commandキー	⟷ Ctrlキー	
	optionキー	⟷ Altキー	
	returnキー	⟷ Enterキー	
	shiftキー	⟷ Shiftキー	

※本文ではoption〔Alt〕のように、Windowsのキーは〔　〕内に表示しています。

サンプルデータについて

本書の Chapter 2、Chapter 4 の手順解説に用いているサンプルデータと特典 PDF は、
下記の URL からダウンロードしていただけます。

https://books.mdn.co.jp/down/3222303029/
数字

ダウンロードできないときは

- ●「1」（数字のイチ）の打ち間違いにご注意ください。
- ●ご利用のブラウザーの環境によりうまくアクセスできないことがあります。その場合は再読み込みしてみたり、別のブラウザーでアクセスしてみてください。
- ●本書のサンプルデータは検索では見つかりません。アドレスバーに上記のURLを正しく入力してアクセスしてください。

注意事項

- ●解凍したフォルダー内には「お読みください.html」が同梱されていますので、ご使用の前に必ずお読みください。
- ●弊社Webサイトからダウンロードできるサンプルデータは、本書の解説内容をご理解いただくために、ご自身で試される場合にのみ使用できる参照用データです。その他の用途での使用や配布などは一切できませんので、あらかじめご了承ください。
- ●弊社Webサイトからダウンロードできるデータを実行した結果については、著者および株式会社エムディエヌコーポレーションは一切の責任を負いかねます。お客様の責任においてご利用ください。

Illustratorの基本機能

Chapter 1

01

クラウド時代のIllustratorの基本

Adobe Creative Cloudが登場してから10年が経ちました。ここではIllustratorの特徴について見ていきながら、Illustratorの現在の立ち位置を紹介します。「デザイン」とひとことで言ってもさまざまな媒体や種類がありますが、いずれのデザインにもIllustratorの存在は欠かすことはできません。デザイナーがデザインの種類に応じてアプリの機能や種類を柔軟に選択できれば、デザインそのもののスピードやクオリティが向上します。

ベクターとラスター、解像度

Illustratorは数理的に描画されるベクターと呼ばれる線を扱うことに長けたアプリです 01 。一方、Illustratorと一緒に語られることの多いPhotoshopは、写真などのピクセルの集合体である写真などのラスターイメージ（ビットマップ）を扱うことに長けたアプリです 02 。Illustratorはドロー系、Photoshopはペイント系とも呼ばれます。

ペイント系のアプリで描画した線はピクセルの数が多ければきれいに見えますが、拡大するとピクセルが見えてくるので粗く感じられます。このピクセルの数を示すのが「解像度」です。一般的な解像度の単位であるppiは、1インチ四方にいくつピクセルがあるかを示しています。解像度と画像のサイズが大きければ、ファイルの容量も大きくなります。

これに対してIllustratorなどのドロー系のアプリで描画したベクターの線は拡大しても線の粗さは感じられないので、作業中は文字などのオブジェクトについて解像度を意識せずにデザイン・レイアウトが行えるため、デザインに適したアプリのひとつです。

Illustratorでは、ピクセルの代わりに「パス」と呼ばれる点同士を「セグメント」で結んだ線を利用して形を作ります。特に写真を元に自動トレースを行った場合などはこのパスの数が膨大になり、セグメントも複雑になるとデータの容量も大きくなります。

そこで、あえてラスターイメージに変換する「ラ

スタライズ」（[オブジェクト] メニュー→[ラスタライズ]）を使うことでファイルの容量を抑える判断も必要になります。たとえば 03 はパスが膨大なので、ラスタライズして使用したほうがよいでしょう 04 05 。

こういった場合はIllustratorにおいても解像度の考え方が重要になります。

ドロー系グラフィック　　　　ペイント系グラフィック

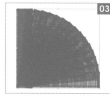 

ラスタライズの設定

Illustratorが苦手なこと

一度ラスタライズしたデータを元のパスに戻すことはできません。また、Illustratorはラスターデータを編集することが苦手です。たとえば写真の被

写体に沿って輪郭を丁寧に切り抜くような作業をIllustratorで行うと膨大な時間がかるため、一般的には写真の編集にはPhotoshopを併用することが

多いのが実情です。ただし「クリッピングマスク」を使えば簡単な形へのトリミングは可能なので、Illustratorのレイアウトの段階で写真の形や角度を少しだけ調整したいという場合にはIllustratorで作業を行います。Illustratorでできないことはほかにもあるので、次頁で紹介していきます。

グラフィックデザインとIllustrator

Illustratorはポスターや名刺、パッケージなどをはじめとしたグラフィックデザインの制作現場で活用されています。Illustratorにはレイアウトや配色、タイポグラフィ（文字組み）といったデザインにおいて重要な要素を広い範囲で編集できる機能が一通り揃っているので、ロゴやイラストの制作からシームレスにデザイン作業への移行が可能です。

同じ印刷物のデザインであっても、複数のページを伴う書籍や雑誌などの「エディトリアルデザイン」と呼ばれる領域については同じAdobe製品であるInDesign **01** を利用します。日本国内では、複数のページものはInDesign、そうでないものはIllustratorという傾向がありますが、国や企業のワークフローによってはグラフィックデザインを含め、印刷物のデザインはすべてInDesignで行う場合もあります。InDesignで制作する場合には、Illustratorでロゴやイラスト、飾りなどを作成し、それをInDesign上に配置してレイアウトを行います。

複数ページの印刷物作成に適したアプリAdobe Indesign

WebデザインとIllustrator

IllustratorでもRGBとピクセルをベースにしたスクリーン向けのデザインは可能ですが、Webデザインに向けた機能については弱い面が多く、近年では、ロゴやイラストといったパーツの制作のみに用いられるのが一般的です。

Webデザインの場合はコーディングが必要になるので、各数値が分かりやすく、HTMLやCSSに起こしやすいデータが望まれます。Illustratorはこうした面に弱いため、Illustratorでデザインした場合コーディング担当者がひとつひとつ確認しながら作業していく必要があります。自由度の高いレイアウト性が仇となり、座標や大きさに小数点が発生するケースがあるのもIllustratorがWebデザインに不向きな理由のひとつと言えるでしょう。

また、Webサイトには見出しやリンクのためのボタンといった、中身は違うけれどスタイルが同じパーツが頻出します。こういったデザインをうまくスタイル（テンプレート）化して使いまわしていくことでサイト内にルールや統一感、使いやすさが生まれます。こういった秩序を保ったパーツ製作は、Figmaの「オートレイアウト」 **01** やAdobe XDの「コンポーネント」が得意とするところです。

Webデザインの作成に適したアプリFigma

動画編集とIllustrator

撮影した動画素材を切り貼りして編集するためのアプリがAdobe Premiere Proです 。

Illustratorのベクターデータは拡大・縮小に強いのが特徴ですが、もともと小さいサイズのロゴをPremiere Proの中で拡大すると、ビットマップ画像のように画像がぼやけてしまうので、あらかじめIllustratorの素材データのサイズを実際の制作サイズに合わせておく必要があります。たとえば一般的な動画の場合、アスペクト比16:9の1920pixel×1080pixelで制作されます。Illustratorのアートボードもこれに合わせてから、ロゴやイラストなどの大きさを決めていきます。Illustratorにはビデオ用のアートボードが用意されているので、ビデオ用のアートボードを利用します 02 。

こうしたサイズの問題は、たとえばパンフレットデータから企業ロゴを抜き出して動画に配置するといった、別のデータからの流用で起こりやすいトラブルです。このような場合は同時にカラーモードにも注意をはらいましょう。カラーモードがCMYKの場合はRGBに変換するか、RGB向けのデータがある場合はそちらを利用します。

Adobe After Effectsはロゴやイラストを動かすモーショングラフィックスに特化した動画編集アプリです 03 。タイポグラフィやイラストのモーションをデザインできるようになると、クリエイティブの幅が広がります。

After EffectsはPremiere Proよりもベクターに対して親和性が高いので、Illustratorのデータをレイヤーごとに読み込んでからそれぞれに個別の動きをつけることが可能です。こちらも、カラーモードはRGBを用います。

Premiere Pro
撮影した動画素材同士をつなぎ合わせたりテロップを入れることのできるアプリ。ロゴなどを配置するとき、Illustratorのデータを利用できる

Illustratorの元データ
ビデオアートボードを使うとサイズ感がわかりやすい（P.019で詳しく解説）

After Effects
Illustratorで描いたベクターデータをキーフレームを使って動かすことができるので、描いたイラストやロゴなどをパーツごとに分解して動かすことができる。この例では、犬の後ろ足を動かしている

クラウド時代のIllustrator

近年のAdobe製品はクラウドを活用したデータの運用を推奨する傾向にあり、Illustratorも例外ではありません。ところがクラウド形式でデータの保存を行うと、手元のPC（ローカル環境）にAIデータが残らないこともあり戸惑いを感じる方が少なくないようです。ローカル保存とクラウド保存のどちらがよいかは各ワークフローによって変わってきますが、最新のIllustratorではクラウド形式としてデータ保存を促されます 01。

次に、ローカルとクラウド保存の違いやデータ管理について注意すべき点を見ていきましょう。

クラウド用の拡張子「AIC」形式

Illustrator固有の拡張子は、AI形式 01、AIC形式 02、AIT形式の3種類があります。このうち「AIC形式」がクラウド保存によるものです。AIC形式でのデータは自分のPCのローカル環境にはファイルアイコンとして表示されず、ファイルとしての実体はありません。

AIC形式で保存されたデータは、Illustratorのファイル名の先頭に雲（クラウド）のマークが表示されます。一度保存して閉じたAIC形式のファイルを再度開くには［ファイル］メニューの［開く］を選択し、表示されるダイアログで［クラウドドキュメントを開く］をクリックします。

作成したクラウドドキュメントはIllustratorのホーム画面 03 やWeb、Creative Cloudデスクトップアプリの［ファイル］タブ 04 から確認・管理できます。

Memo

AITファイル

Illustratorのテンプレートファイルと呼ばれるファイル形式です。AIT形式で保存したファイルを開いて編集を加えて保存すると、別のAIファイルとして保存されるので、誤って上書き保存するといったミスを防ぐことができます。

Chapter 1

クラウドドキュメントでできること

クラウドドキュメント（AIC形式での保存）でしかできないことや、その特徴を見ていきましょう。

●別のデバイスからでもデータにアクセスできる●

クラウドドキュメントで保存しておくと、同一のAdobe IDでログインしているIllustrator間において、同一のクラウドドキュメントを開くことができます。たとえば自宅に置いてあるデスクトップPCでの作業を外出先のノートPCに引き継いで作業できるようになります **01**。

また、モバイル版のIllustratorともドキュメントを共有できるので、デバイスを超えたシームレスな編集作業が可能になります **02**。

●同一のデータを別のスタッフと共有できる●

クラウドドキュメントとして保存すると、[共有]ボタンが有効になります **03**。保存したドキュメントに別のユーザーを「招待」することで複数のスタッフで同じクラウドドキュメントのデータを編集するこ

とができるようになります（2023年現在同時編集はできません）。

●コメントパネルを利用できる●

複数人でデータを共有すると、そのデータに対して何かしらのコミュニケーションを必要とします。そこで活用できるのがコメントパネルです **04**。たとえば修正してほしい場所にピン留めをして修正指示を書いておく、といった使い方ができます。この機能は、Illustratorのパネルの中でコメントを確認できる点が便利です。実際のデータのすぐ隣で照らし合わせられるので、修正の見落としなどを減らせます。

●自動保存●

クラウドドキュメントは通常の保存のほか、一定の間隔で自動で保存されます。間隔については[環境設定]で調整できます。

Memo

Webブラウザ上でクラウドドキュメントを確認する

Adobeのサイトへアクセスしてログイン後に、CreativeCloudのコンテンツを開き、上部の[ファイル]からクラウド保存されたデータを確認することができます **01**。個別にファイルを開くとコメントパネル上で記入したコメントなども確認可能です。

● バージョン履歴パネルを利用できる●

たとえば初校、再校、3校……といったように提出や修正を重ねていくと、ある段階のバージョンに戻して作業をやり直したいという場面があります。

通常のAIドキュメントではファイル名に日付などを入れて別名で保存して管理していくのが一般的ですが、クラウドドキュメント形式で保存しておくと、バージョン履歴パネル 05 を利用できるようになります。バージョン履歴パネルはヒストリーパネルと異なり、一度データを閉じたあとでも過去の修正履歴を追うことができます。任意のバージョンに名前をつけたり、保存することもできるので、データの管理に便利です。

クラウド保存されたファイルのバージョンは自動で記録され、30日間保持されます。それ以上の期間、あるいは任意のタイミングで記録しておきたい場合は、右側のしおりのマークをクリックしてバージョンを保護します。

しおり

クラウドドキュメントの注意点

クラウドドキュメントや共有機能の利用を検討する際の注意点を紹介します。

● 通信環境●

クラウドドキュメントを利用する際は原則として通信を必要とするので、ネットワーク環境が不安定な状態が予想されるのであれば、ローカル（AI形式での保存）のほうが適していると言えます。

クラウドドキュメントはオフラインでも編集可能ですが、データを開くときにはオンラインになっている必要があります。この設定を変更し、オフラインでもデータを開くようにするためには、Creative Cloudデスクトップアプリから［ファイル］→［自分のファイル］を選択し、[…]アイコンから「オフラインで常時使用」を選択する必要があります 01 。

● フォントや画像などの情報●

クラウドドキュメントを他のメンバーと共有する場合、メンバー間で利用するフォントについて取り決めを行っておく必要があるでしょう。Adobe Fontsを使用し、つどアクティベートするのであれば大きな問題にはなりませんが、誰か一人のコンピュータにしか権限のないフォントを利用してデータを作成・共有すると別のメンバーのPCでは正確にデータを開くことができなくなります。同様に、配置されているビットマップ画像の元データを誰が持っていて、修正の必要があった場合にどう運用していくのかを取り決めておかなくてはいけません。

● データ入稿には非推奨●

Illustratorで作成したデータを入稿する場合、現在はネイティブファイルの入稿かPDF入稿がスタンダードです。AIファイルで入稿する場合は、適切に画像を埋め込んだり、「パッケージ」化したり、フォントのアウトライン化を行う必要があります。データの入稿方法についてはP.070で解説しています。

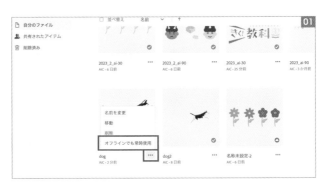

ライブラリパネル

Illustratorの中にあるCCライブラリパネル 01 は、色やアイコンなどの素材（アセット）を格納しておくことができる機能です。ライブラリパネルはPhotoshopやAdobe XDなど、別のAdobeアプリでも開くことができるのが特徴です。たとえばIllustratorで作成したロゴをPhotoshopに配置する、といった作業を行えます 02 03。ライブラリパネルはメールで他のメンバーとも共有ができるので、会社やブランドのカラーなどを登録しておけば、統一の素材でのデザイン作業をスムーズに行えます。

ライブラリパネルやクラウドドキュメントを用いた新機能などから、今後のクリエイティブのワークフローのキーワードのひとつ「共有」であることが見えていきます。ひとりでデザインを作り込むのではなく、複数のチームメンバーと効率的にデータをシェアしていく形式がますます盛んになるでしょう。

Illustrator

Photoshop

同じライブラリをPhtoshopとIllustratorで共有し、それぞれの機能を活用して同じ内容でフライヤーをデザインした例。
Photoshopで加工した写真をライブラリパネルに登録してIllustratorとPhotoshopで使用する、共通のカラーを利用してカラー管理をするなど、ライブラリにはさまざまな用途が考えられる。
具体的には、バナーのデザイン（Photoshop）と印刷物のデザイン（Illustrator）で同じライブラリを利用するといったケースがあるだろう

02 「新規ドキュメント」とアートボード

Illustratorでの作業はアートボードを設定するところからスタートします。アートボードにはさまざまな項目があるので、一度にすべての設定を把握することは難しい部分もあります。また、たとえばイラストなどで、はじめからどんなメディアに使うかが決まっていない作品を作ることもありますが、後から変更を加えていけばカバーできる部分もあるので、一つずつ確認しながら設定を行っていきましょう。

目的に合わせて新規ドキュメントを作る

Illustratorの作業を始めるには、既存のデータを開くか、「新規ドキュメント」を作成します。新しくドキュメントを作成するときは、あらかじめ最終的な使用メディアに合ったプリセット（設定）を選択する必要があります。

●新規ドキュメントを作成する●
［ファイル］メニュー→［新規］／ ホーム画面から［新規ファイル］ボタン

[新規ドキュメント]ダイアログの［モバイル］［Web］ 01 ［印刷］ 02 ［フィルムとビデオ］［アートとイラスト］、いずれかの項目をクリックして選択すると、［空のドキュメントプリセット］と［テンプレート］が表示されます。任意の空のドキュメントを選択し、右側の［プリセットの詳細］で利用したいアートボードのサイズや数を設定していきます。「詳細オプション」からは［ラスタライズ効果］や［プレビューモード］などを設定できます。

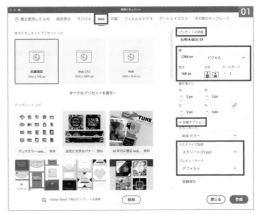
［Web］のカテゴリ

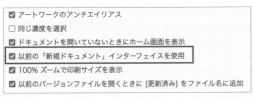

[新規ドキュメント]ダイアログを使用せずに、シンプルな表示にするには、［Illustrator］［編集］メニューの［設定］［環境設定］から［一般］を選択し、［以前の「新規ドキュメント」インターフェイスを使用］をチェックする

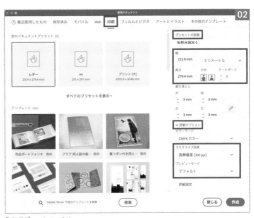
［印刷］のカテゴリ

Memo

ラスタライズ

ラスタライズ時の解像度が低いと印刷したときに四角いビットマップの粗が目立ってしまうので、A4前後の印刷物を前提にしたアートボードでのラスタライズ設定は300ppi～400ppi程度がひとつの目安です。

印刷用では「裁ち落とし」を設定する

新規ドキュメントで「印刷」を選択してアートボードを作ると、外側に赤い枠が表示されます。この線を「裁ち落とし」と言い、入稿を伴う大量印刷には欠かせない要素です。トリムマーク（トンボ）の外側の線から内側の線にかけての幅が3mmになります。

背景色や写真などのオブジェクトが紙面の端にかかる場合、裁ち落としの3mmにもオブジェクトを載せてレイアウトします。裁ち落としを含めて印刷をした後で、仕上がりの線に沿って断裁することで、紙の端まできちんと絵柄が載るようになります。

Illustratorで印刷物を作る場合には、「トリムマーク」を作成するか、アートボード自体に裁ち落としを設定してデザインを行います。

一方でA4やB5などの一般的なサイズの場合は、アートボードのサイズを実際の印刷物の仕上がりサイズにすることもあります。

● アートボードに裁ち落としを設定（新規）●
［ファイル］メニュー→［新規］→［プリセットの詳細］→［断ち落とし］に各3mmと入力

新規ドキュメントのメニューで「印刷」を選択すると自動的に裁ち落としに数値がセットされます 01 。

● アートボードに裁ち落としを設定（変更）●
［ファイル］メニュー→［ドキュメント設定］→［断ち落とし］に各3mmと入力

作業の途中でアートボードに裁ち落としを設定したい場合は、［ドキュメント設定］から行います。

アートボードに設定した裁ち落としの赤いラインはガイドと同じ扱いになります。［表示］メニュー→［ガイド］→［ガイドを隠す］を選択すると赤い枠が非表示になります。

CDの盤面やパッケージ、書籍のカバーなど、形が複雑な場合や折りトンボなどが必要になる場合などは任意のトリムマークをアートボードの中に作成します。

● トリムマークを設定 ●
［オブジェクト］メニュー→［トリムマークを作成］

トリムマークをアートボードの中に作成する場合は、はじめに基準になるサイズのオブジェクトを作成・選択し、［オブジェクト］メニュー→［トリムマークを作成］を選択します 02 。

仕上がり（A4）サイズのアートボードに裁ち落としを設定した例。裁ち落としの赤いラインまでデザイン素材を伸ばしておく

裁ち落としを示すラインまでグラフィックを延長する

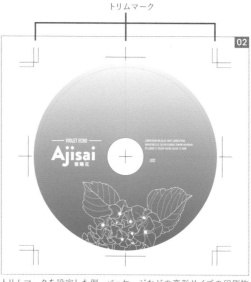

トリムマーク

トリムマークを設定した例。パッケージなどの変形サイズの印刷物やCDの盤面などに適している。たとえばB4サイズのアートボードを作ってトリムマークを作成してA4サイズの印刷物を作るといった方法もあるが、トリムマークのサイズや位置などを手動で設定しなくてはいけないので、誤ったサイズになっていないか、ガイドと併用するなどして確認していこう

動画用のアートボード

Premiere ProやAfter Effectsなど、動画編集アプリ向けの素材を作成するのであれば [新規ドキュメント] ダイアログの [フィルムとビデオ] を選択して動画用のアートボードを用いるのがよいでしょう。たとえば1920×1080pxといった、実際のサイズのアートボードを作成してデザインしておくことで完成形をイメージしやすくなります 01 02。

ビデオアートボードは「ビデオ定規」が表示されていることが特徴のひとつです。ビデオ定規の表示／非表示は [表示] メニューの [定規] → [ビデオ定規を表示／隠す] で切り替えられます。緑色のセーフマーカーは [アートボードオプション] ダイア

ログ（次ページ参照）の「ビデオセーフエリアを表示」で表示を切り替えられます。

動画用のアートボードは2枚のアートボードが入れ子になっている点が特徴的です。Illustratorのオブジェクトを動画で利用する際、たとえば大きな丸が回転するといった動きの場合は画面の外側に丸を描いておく必要があります。一般的な「Web」などの1枚のみのアートボードでこれを行うと、After Effectsなどの編集アプリ上ではオブジェクトがアートボードのサイズでトリミングされてしまうため、動画向けの素材としては不向きです。

ビデオ定規

ビデオセーフ
エリア

Illustratorの「ビデオアートボード」でベクター素材を編集

Premiere ProでIllustratorのベクター素材を配置、トランジションを設定

Chapter 1

アートボードを整理する

　たとえばプレゼン資料の製作など、複数のアートボードを使うときに、アートボードの位置や順序を整理したいと思う場面が出てきます。こういった場合はアートボードツール 01 を使うと手軽にアートボードの見た目を移動してカンバス上の順序を入れ替えることができます。

　また、アートボードツールをダブルクリックするか、アートボードツールを選択してreturn〔Enter〕キーを押すと、[アートボードオプション]ダイアログが表示されるので、アートボードのサイズを数値で管理できます 02 。

　なお、アートボードをドラッグ操作で入れ替えただけでは、カンバス（画面上）での見た目の順序とPDFでのページ順番とが異なることがあります 03 。そこで、アートボードパネル 04 を使った複数のアートボードの管理方法を知っておくと便利です。

アートボードツール

● アートボードパネルの操作 ●

特定のアートボードを中心に表示する

　アートボード名の右側（何も描いていない部分）ダブルクリックすると🅐、選択したアートボードがワークスペースの中心になります。

アートボードの設定を変更する

　アートボードツールをダブルクリックしたときと同様に、アートボード名の右端のアイコン🅑をダブルクリックすると、アートボードオプションが表示されます。

　ドキュメント全体の断ち落としの設定やカラーモードの変更はできないので、[ファイル]メニューの[ドキュメント設定]や[ドキュメントのカラーモード]から変更します。

アートボードを増やす、減らす

　アートボードパネル下端の⊞アイコン©をクリックしてアートボードを増やせます。アートボードを選択して[ゴミ箱]アイコン🄳をクリックするとアートボードを削除できます。

アートボードの順序を変更する

　アートボードを名をドラッグして順序を入れ替えるか🄴、矢印アイコン🅕をクリックしていくと、パネルに表示されている番号が差し替わり、PDFなどに書き出した際の順序に反映されます。ただし、順序を入れ替えただけでは、アートボードの配置は変化しません。

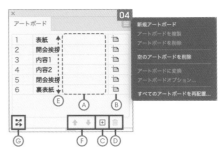

アートボードを並べ替える

　左端の⤢アイコン🄶をクリックすると、すべてのアートボードの再配置ができます 05 。このときにレイアウトや間隔を設定することも可能なので、アートボードの位置が煩雑になってきたら一度並べ替えを行いましょう。

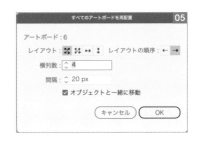

03

「ドキュメントプロファイル」を設定する

［新規ドキュメント］から作成できるドキュメントのファイルには用途に応じてさまざまなプリセット（初期設定のファイル）が準備されています。サイズも豊富で初心者にはうれしい機能ですが、慣れていくうちに自分好みのフォントやスウォッチ、スタイルなどを流用してデザイン制作をはじめたいと思う場合もあります。

自分好みの「新規ドキュメント」を作る

［新規ドキュメント］ダイアログ（［ファイル］メニュー→［新規］）の右側の［プリセットの詳細］下端にある［詳細設定］ボタンをクリックするか、［環境設定］ダイアログ（［Illustrator］〔編集〕→［設定］〔環境設定〕）→［一般］で［以前の「新規ドキュメント」インターフェイスを使用］にチェックを入れて新規ドキュメントを制作すると、比較的シンプルなダイアログが表示されます 01 。

このダイアログの［プロファイル］からは、ドキュメントの制作用途（プリント、Webなど）を指定できます。これらのプロファイルには元データにあたるAIデータが存在しています。

［プロファイル］のプルダウンの下部にあるドキュメントプロファイルの中の［参照］を選択すると「New Document Profiles」のフォルダが開くので、macOSの場合は右クリックして［Finderに表示］を選びます（Windowsの場合は、下記のファイルパスを参照して直接フォルダへアクセスします）。

開いたフォルダへ任意のAIファイルを移動すると 02 、［プロファイル］のプルダウンでそのファイルをもとにした新規ドキュメントを選択できるようになります 03 。

たとえばデフォルトのスウォッチではなく、よく使う色だけのスウォッチを登録しておいたり、初期設定の小塚ゴシックではなく別のフォントを指定したりするとよいでしょう。別のフォントを指定する場合は、［書式］→［文字スタイル］を表示して文字スタイルパネルを開き、［標準文字スタイル］をダブルクリックして任意のフォントを定義してファイルを保存し、そのファイルを利用します。

ドキュメントプロファイルについては3-06「設定済みのドキュメントですばやく作業を開始する」でも説明していますので参照してください。

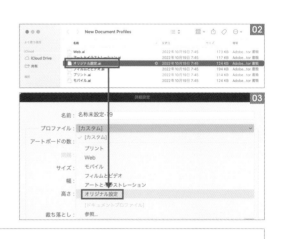

- **macOSのファイルパスの例**
ユーザー→［ユーザー名］→ライブラリ→Application Support→Adobe→Adobe Illustrator 27→ja_JP→New Document Profiles
- **Windowsのファイルパスの例**
ユーザー→［ユーザー名］→AppData→Roaming→Adobe→Adobe Illustrator 27 Settings→ja_JP→x64→New Document Profiles

ドキュメントプロファイルの保存場所。「27」の部分にはインストールされているIllustratorのバージョンが入る。Macの「ライブラリ」フォルダ、Windowsの「AppData」フォルダが表示されない場合の対処法についてはP.139参照

Chapter 1

04

ドキュメントのカラー設定

ドキュメントのカラーモードの設定が正確にできていないと、色がくすんで見えてしまったり、書き出したときに意図したものと異なるケースがあります。そこで、カラーモードの基本の考え方を理解し、カラープロファイルの設定を学んでおきましょう。

2つのカラーモード

アートボードの設定の重要な項目の一つがカラーモードです。IllustratorではRGBかCMYKのどちらかのカラーモードを選択する必要があります。印刷で利用するのであれば（白黒や特色のみのデータであっても）カラーモードはCMYKを選択します。Webや動画などのスクリーンのメディアはRGBを利用します。CMYKよりもRGBのほうが色域（扱える色の範囲）が広いので、用途が決まっていないものやイラストなどもRGBにしておくとよいでしょう。

意図せずRGBとCMYKが混在してしまうとデザインのクオリティ低下に繋がります。CMYKで作った素材をRGBのドキュメントにコピー＆ペーストし

たら、他と比べて色がくすんでしまった、といったトラブルはよくあるケースです。カラーモードはドキュメント名の横に表記されます 01 。

●カラーモードを変更する●
［ファイル］メニュー→［ドキュメントのカラーモード］→［CMYKカラー］［RGBカラー］02

データ制作の途中でもカラーモードを変更することは可能ですが、CMYKのドキュメントをRGBに変えても、くすんだ色が明るくなることはありません。必要に応じてカラーパネルのカラーモードをRGBに変更して色の修正を行います。

作業用スペースのカラー設定

Illustratorのファイル（ドキュメント）のカラーモードはRGBかCMYKかのどちらかしかありませんが、RGBやCMYKには「カラープロファイル」と

呼ばれる色の種類があります 01 。どのような色の種類で表示、作業するかを設定するのが、後述の［カラー設定］です。このカラー設定とAIファイル

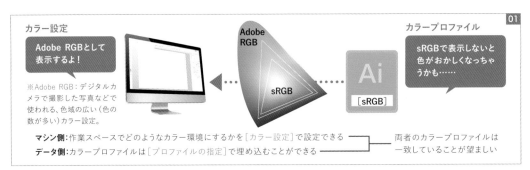

に埋め込まれているプロファイルに違いがあると、Illustrator上での色の見え方が異なるケースがあるので注意が必要です。

●カラー設定を開く●
[編集]メニュー→[カラー設定] 02

プリセットのひとつである[プリプレス用-日本2]を選択すると、色域の広い[Adobe RGB（1998）]が設定されているので、この設定のままRGBでWeb向けのデータを作成してしまうと、色によっては色が変わって変換されてしまうおそれがあり、注意が必要です。RGBについては特に意図しない限り、国際的な標準色空間の[sRGB IEC61966-2.1]を選ぶとよいでしょう。

CMYKについては、印刷方法や紙の種類を元に、印刷会社の指定でプロファイルを設定していきます。特に指定のない場合は、[Japan Color 2001 Coated][Japan Color 2001 Coated]などがよく用いられる傾向にあります。

カラープロファイルを埋め込む

●プロファイルの指定を開く●
[編集]メニュー→[プロファイルの指定]

[作業用スペース]でのカラー設定は、作業画面の色を指定したカラープロファイルに応じて表示するものです。

ドキュメントに[プロファイルの指定] 01 を行うと、プロファイルを指定できます。

プロファイルの指定ができたら、データを保存す

るときに表示されるIllustratorオプションダイアログの[ICCプロファイルを埋め込む]にチェックを入れて保存します 02 。

●プロファイルを確認する●
[ウィンドウ]メニュー→[ドキュメント情報]

埋め込んだカラープロファイルは、ドキュメント情報パネルから確認できます 03 。

作業用スペースと埋め込んだカラープロファイルの不一致

ドキュメントを開くとき、[埋め込まれたプロファイルの不一致] 01 というダイアログが表示されることがあります。現在設定している作業用スペースのカラー設定で操作を続けるか、カラープロファイルを破棄するかを選択します。

このアラートは、開いたドキュメントのプロファイルと、ドキュメントに配置されているリンク画像のプロファイルが作業用スペースのプロファイルと異なる場合に表示されます。

[カラー設定]の[プロファイルの不一致：開くときに確認]のチェックを外せば、注意アラートは表示されなくなります。

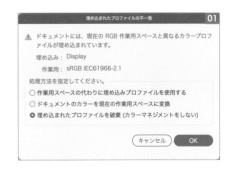

05

ワークスペースと操作感を確認する

Illustratorの作業環境を整えておくことで作業の効率化が図れます。ここではデザイン制作を行う上でのおすすめの項目や設定を紹介していきます。自分が使いやすい作業環境を整えておきましょう。

ワークスペース

ワークスペースはその名の通り、「作業場」のことです。カンバスやアートボードなどを中心に据え、メニュー、パネル、ツールで構成されています。ツールやパネルなどの配置を移動したり非表示にしておくことで作業効率が向上します。

ワークスペースは［ウィンドウ］メニューの［ワークスペース］ 01 で変更できるので、初期状態に戻したいと思ったら［（ワークスペース名）をリセット］を選択します。

用意されているワークスペースをそのまま使うと、作業中パネルの表示／非表示を行うことが多くなり、積み重なると作業時間のロスに繋がります。

ある程度Illustratorに慣れてきたら、オリジナルのワークスペースを用意しましょう。モニタの解像度や枚数によってもワークスペースの配置は千差万別です。たとえばメインのモニタにはツールとカンバスを表示してパネル類は右側のサブモニタに

集約したり、Photoshopのワークスペースと近い状態にしておくのもよい工夫です。

［ウィンドウ］メニュー→［ワークスペース］の「新規ワークスペース」を選択すると、表示されているワークスペースのパネルやメニューなどの位置を保存できます。

右クリックによるコンテクストメニュー

マウスで右クリックすると表示されるメニュー項目を「コンテクストメニュー」といいます 01 。コンテクストメニューは選択の有無や選択したオブジェクトの種類によって項目が変わります。たとえば通常のオブジェクトの場合はコピーやペースト、変形やグループ化などが表示されます。これらの項目の多くはメニューやショートカットを使って実行できる、重複した項目も多くあるので、好みによって使い分けるようにしましょう。

パネルの基本

Illustratorにはたくさんのパネルがあります。[ウインドウ]メニューを選択して、各パネルの表示／非表示を切り替えられます。パネルはアイコン化したり、パネルをダブルクリックして表示をコントロールできます 。パネルの一部のメニューはパネルメニューのアイコン≡をクリックして項目を展開します 02 。

パネルをたたむ（ダブルクリック）
アイコン化
アイコン化（名前表示）
ほかのパネルとドッキング
パネルメニュー

プロパティパネル

プロパティパネルは、選択したオブジェクトの内容によって表示が変わるパネルです。何も選択していないときにはアートボードの表示に関する設定が表示されます 01 。パスを選択しているときは、通常個別のパネルを開いて確認・操作する内容である、サイズや色、整列などに関する項目がまとめて表示されます 02 。

すべての情報がプロパティパネルに表示されるわけではありませんが、個別のパネルをつど開く必要がないため、特に初心者の方には操作しやすいパネルと言えます。

コントロールパネル

コントロールパネルは[ウインドウ]メニューの[コントロール]で表示でき、メニューバーの下に表示されます。プロパティパネルと同様、選択したオブジェクトによって表示の内容が変わります 01 02 。「初期設定」のワークスペースでは表示されていない項目ですが、活用すると便利です。パネル左端の部分Ⓐをドラッグすると、独立したパネルとして切り離したり、下部にドッキングすることもできます。プロパティパネルと内容が重複することも多いので、好みに応じて使い分けていきましょう。

ツール操作の基本

Illustratorの作業はツールを選択するところからスタートします。ツールの選択自体はクリックするだけですが、他のツールに切り替えたり、ツールのオプションを表示するといった動作も不可欠です。

●サブツールに切り替える●
マウスを長く押し続ける

ツールアイコンの右下に◢が表示されている場合、マウスを長く押し続けるとサブツールに切り替えられます 01 。

option〔Alt〕キー＋クリックでもサブツールに切り替えられます。複数回option〔Alt〕キー＋クリックすると、サブツールが順番に表示、選択されます。

サブツールを展開したときに右端に表示されている▶エリアを押すとサブツールのグループをひとつのツールバーとして切り離し、常時表示できます。

●ツールオプションを開く●
特定のツールを選択してreturn〔Enter〕キー／ツールアイコンをダブルクリック

一部のツールには「ツールオプション」が設定されており、ツールを使った操作の挙動を詳細に設定できます。ツールオプションのダイアログを開くには、（オブジェクトを選択せず）ツールのみを選択している状態でreturn〔Enter〕キーを押すか、ツールアイコンをダブルクリックします 02 。

●オブジェクトを編集するダイアログを表示●
オブジェクトを選択後特定のツールを選択してreturn〔Enter〕キーまたはダブルクリック

オブジェクトが選択されている状態で特定のツールを選択してreturn〔Enter〕キーを押すか、ツールをダブルクリックすると、そのオブジェクトに対してダイアログを使った編集を加えられます 03 。

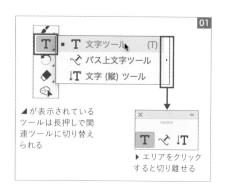

◢が表示されているツールは長押しで関連ツールに切り替えられる

▶エリアをクリックすると切り離せる

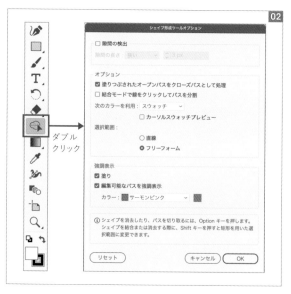

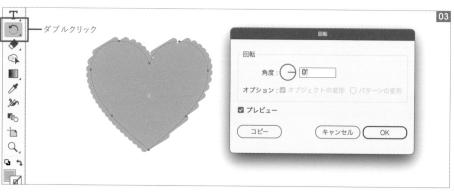

ツールの表示とカスタマイズ

Illustratorにはさまざまなツールがあります。インストール直後の［初期設定］のワークスペースでも、すべてのツールが表示されているわけではありません。

ツールバーの下にある［ツールバーを編集］ボタン … を選択すると、［すべてのツール］ドロワーが開き、すべてのツールを確認できます **01**。

●ツールバーにツールをセットする●
ツールをツールバーへドラッグ

［すべてのツール］ドロワーの中で薄いトーンになっているアイコンは現在ツールバーに配置されているツールです（サブツールとして非表示状態になっているものも含む）。濃いトーンのアイコンをツールバーの任意の位置へドラッグすると、選択したアイコンをツールバーにセットできます。ツールのセットができたら改めてツールを選択し、操作を行います。

●ツールバーからツールを削除●
ツールをツールバーの外側へドラッグ

［すべてのツール］ドロワーが開いている状態でツールバーの外側へツールをドラッグするとツールバーからツールを削除できます。

●ツールの位置を変更●
ツールをツールバーの中で上下にドラッグ

［すべてのツール］ドロワーが開いている状態で

ツールバーの中でツールを上下にドラッグすると、ツールの位置を入れ替えることができます。

●ツールの「基本」と「詳細」を表示●
［詳細］／［基本］を選択

［すべてのツール］ドロワー右上の ≣ をクリックして表示されるメニューから［基本］［詳細］、2種類のツールバーを切り替えられます **02**。初期設定では「基本」が表示されています。

●ツールの配置をリセット●
［リセット］を選択

前述の **02** のメニューから［リセット］を選択すると、カスタマイズがリセットされます。

●カスタムツールバーを利用する●
［新規ツールバー］を選択

前述の **02** のメニューの［新規ツールバー］［ツールバーを管理］では、ユーザがカスタマイズしたツールバーを保存・編集できます。

ツールバーを作成すると、通常のツールバーと同様に［ツールバーを編集］ボタン … が表示されるので、ツールをドラッグして利用しましょう **03**。

たとえば **04** の例では、ブラシツールなどの描画系のツールをまとめてひとつのツールバーを作成しています。通常のツールバーと並行してカスタマイズしたツールバーを表示することにより、ツールの選択がより便利になります。

すべてのツールドロワー

ツールバーを編集

Chapter 1

スムーズな操作に関わる「スナップ」

[表示]メニュー→[○○にスナップ]

オブジェクトを選択し、マウスをドラッグすると動作がカクつくと感じることがあります。これは「スナップ機能」によるものです。「スナップ」とは「吸着」という意味を持ち、各種スナップが有効になっていると、特定の要素に自動で吸着するため、マウスの動きに"ガタつき"を感じる要因になります。

過度にスナップが有効になっていると、操作のスムーズ感が損なわれる一方、逆にきちんと「スナップ」を活用することで直感的なドラッグだけでも正確な位置にオブジェクトを配置できるなどのメリットもあります。イラストレーションやレイアウトなどの目的に応じて「スナップ」の有無を使い分けましょう。

[グリッドにスナップ]

グリッドに吸着します 01 。グリッドは[表示]メニューから表示を切り替えられます。

[ピクセルにスナップ]

ピクセルに吸着します。[表示]メニューの[ピクセルプレビュー]と併用するのがおすすめです。

[ポイントにスナップ]

オブジェクト同士を近づけたとき、パスのアンカーポイント同士が吸着します。

[グリフにスナップ]

文字のグリフ（形）に対して吸着します。欧文・和文とも各6項目がスナップの対象になります。

スマートガイドがオフでスナップの許容値が0の場合グリフにスナップは機能しません。

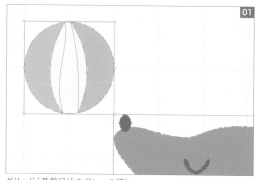

グリッド（碁盤目状のグレーの線）

「グループ」とグループ編集モード

●グループ化する●

[オブジェクト]メニュー→[グループ]

複数のオブジェクトをまとめておきたい場合、そのオブジェクト群を選択してグループ化を行います。グループは他にもプロパティパネルやショートカット、右クリックによるコンテキストメニューなどからも実行できます。グループを解除するには[オブジェクト]メニューから[グループ解除]を選択します。

●グループ編集モードにする●

グループ化したオブジェクトをダブルクリック

グループ編集モードに切り替えることで、グループを解除することなくそれぞれのオブジェクトを調整できます。写真などのビットマップイメージを型抜きする「クリッピングマスク」などもこのグループ編集と同様の編集ができます。

グループ編集モードを解除するにはオブジェクトの外をダブルクリックするか、escキーを押します。

文字の図形オブジェクトがまとめてグループ化されている例

グループ編集モードでは、選択されているオブジェクト以外は白く半調になる

この例では各文字オブジェクトがグループ化されているので、文字をダブルクリックしていくとグループの階層が深くなる

● グループ編集モードにしない ●

　[Illustrator]〔編集〕メニューの［設定］〔環境設定〕→［一般］で、［ダブルクリックして編集モード］のチェックを外します。編集モードを利用せずにオ

ブジェクトの一部分を編集したい場合は、ダイレクト選択ツールでオブジェクトの一部を選択します。

ショートカットを活用する

　すばやく作業を行うためには、キーボードショートカットの活用が不可欠です。Windows環境でショートカットを使う場合は、入力モードが英数字になっていることを確認してからショートカットを実行します。

　また、キーの組み合わせを変更したり、ショートカットの追加／削除も可能です **01**。

　ショートカットの一覧、変更の方法などについては、3-02「一般的なデザイン作業で使用するショートカット」を参照してください。

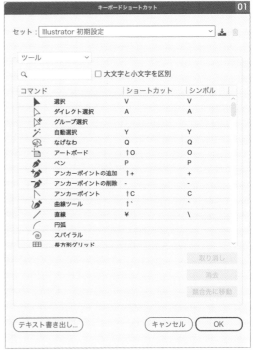

［編集］メニューから［キーボードショートカット］を選択すると表示されるダイアログ。メニューコマンドだけでなく、ツールのショートカットも設定されている。割り当てキーの変更・削除したり、未割り当ての項目にキーを割り当てたりすることができる

Chapter 1

レイヤー操作とオブジェクトの配置

アートボード内のオブジェクトが増えてくると、レイヤーパネルを使ってレイヤーを操作したり、オブジェクトの「重ね順」をコントロールする必要があります。他にもオブジェクトの「ロック／ロック解除」や、「表示／非表示」など、レイヤーパネルからも実行可能な関連操作を活用することで、思い通りのレイアウトが可能になります。

レイヤーパネルの操作

　Photoshopでは作業ごとにレイヤーを生成する傾向にありますが、Illustratorの場合はユーザのタイミングでレイヤーを作成し、特定のレイヤーの中に好きなだけオブジェクトを配置できます 01 。

レイヤーパネル
([ウィンドウ]メニュー→[レイヤー])

● レイヤーAの内容をすべてレイヤーBに移動 ●

　レイヤーパネル右側のカラーボックス■を、移動したいレイヤーへドラッグします。

> **Attention**
> **レイヤーパネルのオブジェクト表示**
> パネルメニューの[パネルオプション]のダイアログで[レイヤーのみを表示]にチェックが入っているとグループやオブジェクトの確認はできません。

サブレイヤー

　必要に応じてサブレイヤーを表示するとレイヤーやオブジェクトの階層構造をわかりやすくできます 01 。

新規サブレイヤーを作成

● サブレイヤーを展開 ●

　右向きの矢印アイコン[>]をクリックすると、レイヤーが展開し、サブレイヤーが表示されます。

● レイヤーの一部をすべて別のレイヤーに移動 ●

　サブレイヤーを展開してオブジェクトを選択します（複数を選択したい場合はcommand〔Ctrl〕＋複数のターゲットアイコンをクリック）。選択中のアイコンをレイヤーのアイコンへドラッグします。

● 空のサブレイヤーを作成 ●

　サブレイヤーを作成したい親のレイヤーをクリックして選択し、レイヤーパネルの下部の[新規サブレイヤーを作成]を選択します。

テンプレートレイヤー

　手描きの下描きなどのデータ（jpgや
pngなど）をIllustratorへ配置するとき、
[ファイル] メニューの [配置] のダイア
ログ 01 で [テンプレート] にチェックを
入れて配置すると、「テンプレートレイ
ヤー」が作成され、そこにデータが配置
されます。

　テンプレートレイヤーは、印刷やPDF
書き出しなどには表示されず、はじめか
ら半透明で表示される特殊なレイヤー
なので、下書き等を配置しておくのに便
利です 02 。

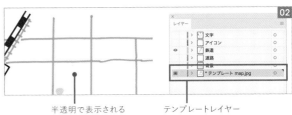

半透明で表示される　　　　テンプレートレイヤー

重ね順とレイヤー

　オブジェクトをたくさん作成していくと、オブジェ
クト同士の重なりの順番が気になることがありま
す。

　Illustratorでは初期設定時は先に描かれたオブ
ジェクトの上に、あとから描かれたオブジェクトが
配置されます。これをそのつど調整する機能が [重
ね順] です。[重ね順] はショートカットや、オブジェ
クトメニュー、コンテキストメニュー、プロパティパ
ネルなどで実行できます 01 。

　サブレイヤーを展開すると、重ね順とサブレイ
ヤーが連動していることがわかります。サブレイ
ヤーを上下にドラッグして重ね順を調整することも
できます。

　オブジェクトの重ね順は同一のレイヤー内での
み有効ですが、レイヤーパネルでレイヤーを選択し、
[オブジェクト] メニュー→ [重ね順] → [選択して
いるレイヤーに移動] 02 を選択すると、選択したレ
イヤーへ配置（移動）することもできます。

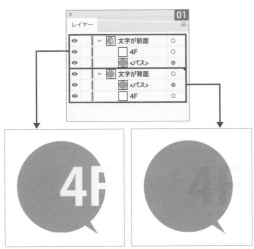

ふたつのオブジェクトの重ね順と見え方の関係を示した例。吹き出
しの塗りを「乗算」にしている

Chapter 1

重ね順とコピー&ペースト

オブジェクトをコピー&ペーストする作業は頻繁に行う動作のひとつです。Illustratorでコピーしたオブジェクトをペーストすると、ワークスペース（カンバス）の中心にペーストされる性質があります。これに対して、オブジェクトメニューやショートカットを使って［前面へペースト］あるいは［背面へペースト］を使用すると、コピーしたオブジェクトと同一の座標上にペーストされるので便利です 01 。コピー&ペーストについては「1-11 オブジェクトの複製」でも紹介しています。

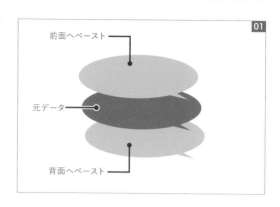

オブジェクトのロック／ロック解除

作業が進んでくると、選択したくない特定のオブジェクトを固定しておきたいと思うことがよくあります。そこで使いたいのがオブジェクトのロックです。オブジェクトを選択し、オブジェクトメニュー→ロックを選択するとオブジェクトを固定できます。ショートカットや右クリックによるコンテキストメニューで実行することの多い機能です。

●オブジェクトのロック●
オブジェクトを選択して［オブジェクト］メニュー→［ロック］

レイヤーに含まれるすべてのオブジェクトをロックしたいときには、レイヤーパネルでレイヤー名の左側のボックスをクリックして、ロックアイコンを表示します。これで選択したレイヤー全体がロックさ

れます。

レイヤーを展開するとサブレイヤーとして各オブジェクトを確認できます。レイヤーパネル上でサブレイヤーの鍵マークをクリックするとオブジェクトメニューからのロックと同じ操作をレイヤーパネルから実行できます 01 。

●オブジェクトを隠す●
オブジェクトを選択して［オブジェクト］メニュー→［隠す］

オブジェクトを誤って選択したくないときに利用したいのがオブジェクトの表示／非表示です。［オブジェクト］メニューのほかにショートカット、レイヤーパネルのサブレイヤーで表示／非表示をコントロールできます 02 。

ロックされたレイヤー（クリックでオン／オフ）

非表示のレイヤー（クリックでオン／オフ）

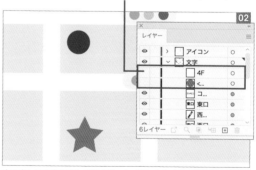

吹き出しと文字を隠しておく例。オブジェクトごとに作られるサブレイヤーが非表示になっている

07

さまざまな表示（プレビュー）

Illustratorにはさまざまな表示モードが用意されています。必要に応じて表示モードを切り替えることで、仕上がりのイメージをより正確に把握できるようになります。用途に合わせて使い分けてみましょう。ここではデザインなどの作業でよく使うものを紹介していきます。

納品時には［すべてのアートボードを全体表示］

［表示］メニュー→IllustratorのAIデータはデータを変更して保存した後で再度データを開くと、保存時に表示していた座標と拡大倍率で再表示される仕組みになっています。

　自分だけで作業する場合は同じ箇所から作業を再開できるので便利な面もありますが、第三者に

データを納品するときには、ドキュメントの全体像が見えるように［アートボードを全体表示］もしくは複数のアートボードがある場合は［すべてのアートボードを全体表示］を選択してから保存を行いましょう  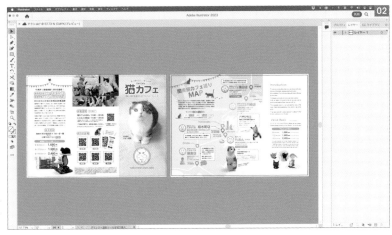。

ドキュメント全体がひと目でわかるよう保存しておくと円滑にデータを引き継ぐことができる

アウトライン表示で複雑なオブジェクトの構造を分かりやすく

［表示］メニュー→［アウトライン］

　作業が進んでくると、さまざまなオブジェクトが重なり合ってオブジェクトの選択がしづらくなることはよく起こります。［表示］メニューの［アウトライン］を使うと、塗りなどの情報が非表示になり、純粋なパスの構造のみが表示されるようになるので、大きなオブジェクトの下に隠れている別のオブジェクトを選択したり、線が入り組んだ複雑なパスを修正するのに役立ちます  。

　通常のプレビューに戻すには、［表示］メニューの［プレビュー］（元々［アウトライン］が表示されている位置）を選択します。

トリミング表示で印刷物の仕上がりイメージを確認する

　印刷向けのデータを作る場合、印刷物のサイズをアートボードと同じにしておき、「断ち落とし」を設定します。その断ち落としの赤いラインまでオブジェクトを配置します 。ところが、この断ち落としによって余白の印象が変わってしまいます。そこで、仕上がりのイメージを確認するために作業の区切りのよいところで「トリミング表示」に切り替えて確認しましょう。

［表示］メニュー→［トリミング表示］

　［表示］メニューから［トリミング表示］を選択すると、アートボードより外側は非表示になります 。再度［トリミング表示］を選択すると解除できます。

アートボードの外側も表示されている

断ち落としを示す赤いライン

アートボードの境界

アートボードより外側は表示されない

トリミング表示

3つのスクリーンモードとプレゼンテーションモード

［表示］メニュー→［スクリーンモード］

　Illustratorには複数のスクリーンモードがありますが、通常は［標準スクリーンモード］が選択されています。ほかのモードに切り替えると、パネルやツールなどのインターフェイスを一時的に非表示にできます。スクリーンモードはツールバーの下部にある［スクリーンモードを変更］でも変更が可能です 。Fキーを押すと3つのスクリーンモードを順番に切り替えるショートカットを実行できます。

［表示］メニュー→［プレゼンテーションモード］

　［プレゼンテーションモード］は、完全な全画面での表示になります。複数のアートボードがある場合は方向キーでアートボードの順番を次へ送ることで、Illustratorでプレゼンテーションができます。

　これらを解除して標準スクリーンモードに戻すにはメニューなどを選択するか、escキーを押します。

ピクセルプレビュー

［表示］メニュー→［ピクセルプレビュー］

　Illustratorのアートボードはベクターベースでの表示が基本ですが 、Webなどは文字や画像はピクセルで表示されるため、オブジェクトの座標によっては線がぼやけて見えるなど、イメージと異なって見えることがあります。［表示］メニューの［ピクセルプレビュー］を使うことで、ピクセル化したときの状態をシミュレートできます 。

ピクセルプレビュー

こうしたピクセルのボケを防ぐには、[表示]メニューの[ピクセルにスナップ]を利用したり、[コントロール]の[選択したアートをピクセルグリッドに整合]、[作成および変形時にアートをピクセルグリッドに整合]にします。また、[オブジェクト]メニューの[ピクセルグリッドに最適化]を選択するのも有効です。いずれの機能も、[ピクセルプレビュー]を有効化してから確認しましょう。ピクセルプレビューを解除するには再度[ピクセルプレビュー]を選択してチェックを外します。

オーバープリントプレビューと属性パネル・分版プレビューパネル

オフセット印刷などの場合、地の色に文字を配置するようなデザインで、属性パネル([ウィンドウ]メニュー→[属性])でオーバープリントを設定すると、地と文字の色が重なります 。たとえば小さくて細い黒文字などの場合、地色の版がズレることで紙の地色（白）が見えてしまうことがあるため、黒文字側にオーバープリントを設定して色を乗せる（オーバープリントを設定する）、といったフローを採用する場合があります。

しかし、意図せずオーバープリントを設定してしまうと、色が変わって見えたり、オブジェクト同士が透けて見えることがあります（こうした事故を避けるために基本的にオーバープリントの設定は破棄している印刷会社もあります）。

[表示]メニュー→[オーバープリントプレビュー]

[オーバープリントプレビュー]を選択すると、オーバープリントの有無や印刷結果をシミュレートできます。分版プレビューパネル（[ウィンドウ]メニュー→[分版プレビュー]）では、[オーバープリントプレビュー]をはじめ、CMYKのプロセスカラーや特色といった版ごとにデータを確認できます。入稿前の確認として利用するとよいでしょう 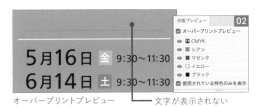。

白色の文字にオーバープリントを設定

オーバープリントプレビュー　　文字が表示されない

ビューを回転

手描きでは画用紙を回して描くことがありますが、Illustratorでもこれと同じことができます。

[表示]メニュー→[ビューを回転]を選択

90°や45°といった角度が決まっている場合、[表示]メニューからあらかじめ決められている角度を選択するか 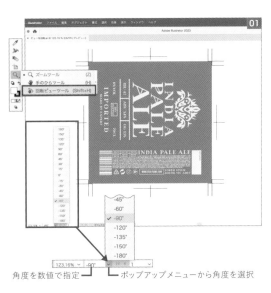、UIの下部（ステータスバー）で数値を入力・指定します。自由に回転させたいときは、回転ビューツールを選択して画面をドラッグします。画面の回転を解除するには、0°を選択（入力）するか、escキーなどを押します。

たとえばパッケージデザインでは展開図に沿ってデザインをするので、箱状のものを作る時などは、データの一部が90°や180°回転しているデザインを扱うこともあります。そういった場合に回転で角度を変更しておくとデータの制作も楽になります。

角度を数値で指定　　　ポップアップメニューから角度を選択

08

［環境設定］を整える

［環境設定］でIllustratorの作業環境を整えておくことで作業の効率化が図れます。ここではデザイン制作を行う上でのおすすめの項目や設定を紹介していきますが、「環境設定」はこうしなければならない、というものではなく、皆さんの好みに合わせて設定してよい項目です。ぜひ自分が使いやすい作業環境を研究してみてください。

［環境設定］の基本

　ワークスペースや操作の機能を設定するための［環境設定］はIllustratorを使いやすくカスタマイズするために積極的に確認しておきたい項目です。

　［環境設定］は、macOS版とWindows版でメニューの場所が異なります。

- macOS版：［Illustrator］メニュー→［設定］ 01
- Windows版：［編集］メニュー→［環境設定］ 02

　［一般］を含めて15の項目があり、メニューからの選択もできます。［環境設定］はアプリケーションを終了するたびに保存されます。

コントロールにも［環境設定］がある

環境設定を書き出す・読み込む・リセットする

- 環境設定を書き出す●

［編集］メニュー→［個別の設定］→［設定を書き出す］

　これまで使っていた環境設定をほかのマシンで引き継ぎたいときには、［設定を書き出す］で環境設定を書き出します。

- 環境設定を読み込む●

［編集］メニュー→［個別の設定］→［設定を読み込む］

　書き出した設定ファイルを［設定を読み込み］でインポートします。

- 環境設定をリセットする①●

　Illustratorの起動時に次のキーを押すと、環境設定をはじめとしたファイルが初期化されます。

- macOS：command＋option＋shift
- Windows：Ctrl＋Alt＋Shift

- 環境設定をリセットする②●

［環境設定］→［一般］でリセット

　一度Illustratorを開いてから環境設定をリセットする場合は、［環境設定］ダイアログの［一般］で［環境設定をリセット］ボタンをクリックします。

［一般］

［環境設定］→［一般］は環境設定ダイアログの
トップページ的な場所にあるので、最も目にする画
面でしょう。はじめからチェックが入っているものも
あれば入っていないものもあります。ここでは、特
にカスタマイズしておくとよい項目を解説します。

［キー入力］

選択したオブジェクトなどをキーボードの矢印
キー1回で移動できる距離の設定です。

たとえば、印刷物のレイアウトで使用するのであ
れば0.25mm、Webの場合は1ptや1pxにしておく
とよいでしょう。

なお、shift＋矢印キーで、入力した数値の10倍
の移動距離になります。

［詳細なツールヒントを表示］

［詳細なツールヒント］とは、ツールにマウスカー
ソルを載せたときに表示されるアニメーションと機
能名のカードのことです。Illustratorに慣れてきた
ら非表示にしてもよいでしょう。

［パターンを変形］
［角を拡大・縮小］
［線幅と効果も拡大・縮小］

いずれもオブジェクトの拡大や縮小などの変形
に関連する機能です。イラストなどで直感的に先
の太さなどを変更したい場合はチェックを入れま
す。地図の線など、決められた太さがある場合の拡
大・縮小時にはチェックを外しておきます。これら
の項目はバウンディングボックスなどで操作した場
合を想定しています。状況に応じて個別に設定し
たい場合は、オブジェクトを選択した後の変形パネ
ルや、右クリックメニューの［変形］→［拡大・縮小］
で表示されるダイアログから設定も可能です。

［パターンを変形］は、拡大・縮小のほかに回転
などの変形にも影響します。元のパターンから変形
してもよい場合はチェックを入れておきます **01** 。

［マウスホイールでズーム］

拡大・縮小をマウスホイールで行えるようにする
項目です。

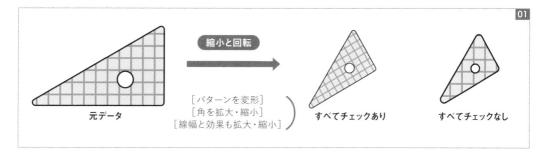

01

縮小と回転

元データ

［パターンを変形］
［角を拡大・縮小］
［線幅と効果も拡大・縮小］

すべてチェックあり

すべてチェックなし

［選択範囲・アンカー表示］

［許容値］

許容値が大きいと、選択したいオブジェクトの位
置が離れていてもオブジェクトを選択できるように
なります。一方でオブジェクト同士が近い場合は精
密な選択の作業が必要になるので、許容値は小さ
くしておくとよいでしょう。はじめはデフォルトの数
値「3」で利用して、不便に感じるようなら設定する
のがおすすめです。

［ロックまたは非表示オブジェクトをアートボードと一緒に移動］

オブジェクトが含まれているアートボードをドラッ
グして移動あるいは複製するときに、そのアートボー
ド内にロックされたオブジェクトや非表示状態のオ
ブジェクトがある場合、デフォルトではアラートが表
示され、該当するオブジェクトは移動できません。

このチェックを入れておくことで、ロックされてい
たり非表示になっているオブジェクトも一緒に移動
できるようになります。

［テキスト］

［新規エリア内文字の自動サイズ調整］

　文字ツールでドラッグしてテキストエリアを作り、そのエリアにあらかじめコピーしておいた文字列を流し込むと「エリア内テキスト」として文字が長方形の中へペーストされます 02 。このとき、［新規エリア内文字の自動サイズ調整］にチェックが入っていると、エリアのサイズが自動で調整されます 03 。

　文字列のオーバーフロー（溢れて見えなくなる）が起きなくなるので便利な反面、テキストの量でエリアの面積が変わってしまうので、あらかじめ決められたテキストエリアのサイズがある場合はオフにしておいたほうがよいでしょう。

［選択された文字の異体字を表示］

　文字をドラッグして選択すると、文字の種類とフォント（OpenTypeのフォント）によっては文字の右下に異体字のチップが表示されます 04 。同一のフォントで異なる異体字を選択できるので便利な機能ですが、この異体字は字形パネルからも表示が可能なので、不要に感じる方はオフにしておくとよい項目です。

［新規テキストオブジェクトにサンプルテキストを割り付け］

　Illustrator CC 2017から文字ツールを選択してアートボード上をクリックすると「山路を登りながら」というサンプルテキストが配置されるようになりました 05 。最新のバージョン（CC2022（26）以降）ではこれがオフになっていますが、その項目が上記の「新規テキストオブジェクトにサンプルテキストを割り付け」です。お使いのIllustratorのバージョンによっては確認しておくとよい項目です。

文字ツールでドラッグしてテキストエリアを作る

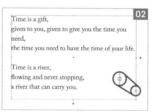

文字をペースト。テキストエリアに入りきらない場合はオーバーフローとなる

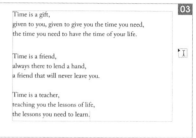

［新規エリア内文字の自動サイズ調整］がチェックされていると、全文が表示されるようにテキストエリアが拡張される

選択した文字の異体字が表示される

［単位］

一般

　定規やガイド、オブジェクトの移動と変形などの基準となる単位を設定できます。

線

　線の設定時の太さの単位を設定できます。

文字

　文字の大きさの基本単位を設定できます。

推奨される単位

	印刷	その他
一般	mm	ピクセル
線	ポイント	ピクセル
文字	ポイント、級	ピクセル

Point

級（Q）とは

「級」とは、主に文字のサイズを示す印刷の制作で使われている単位です。四分の一を表す「Quarter」が語源となっていて、「級」もしくは「Q」と表示します。Quarterの名の通り、1級＝0.25mmで、mmへの換算がしやすい単位です。級と同じ単位に「歯（H）」があります。歯（H）も0.25mmを表しますが、こちらは文字の間隔を示す（字送り）や行の間を示す行間（行送り）に用いられる単位です。

0.25mm＝1Q（1級）

級

［ガイド・グリッド］

［ガイド］

ガイドは、定規（［表示］メニューの［定規］→［定規を表示］）の中からドラッグして引き出すか、定規上をダブルクリックすると利用できます。

［環境設定］では、ガイドの色や表示のスタイルを選択できます。オブジェクトとガイドが似たような色で区別がつきにくい場合は変更するのがおすすめです。［スタイル］を［点線］を選択すると、より明確に通常のオブジェクトと区別できます。

［グリッド］

グリッドは［表示］メニューの［グリッドを表示］を選択すると表示できます。［グリッドにスナップ］と併用するとオブジェクトの細い位置を正確に揃える

ための助けになります。グリッドの分割数と単位、スタイルを指定できます。

Memo ・・・・・・・・・・・・・・・

パスやバウンディングボックスの色を変えるには

オブジェクトのパスやバウンディングボックスの色はレイヤーのカラーと連動しています。サムネイル、もしくはレイヤー名の横の空白部分をダブルクリックして［レイヤーオプション］ダイアログを開いてから［カラー］を変更するとバウンディングボックスやパスの色を変更できます。

［スマートガイド］

［スマートガイド］ **01** では、表示されるスマートガイドの種類や角度の指定、色の指定やスナップの許容値の指定ができます。

スマートガイドは［表示］メニューの［スマートガイド］で表示／非表示を切り替えられます。Illustratorの初回起動時に表示されている機能です。

スマートガイドを表示しておくと、選択したオブジェクトと他のオブジェクトの位置関係がオブジェクトガイド（マゼンタの線）によって細かくわかるようになります。マウス操作でも簡単にオブジェクトを揃えられるのが特徴ですが、オブジェクトがス

マートガイドにスナップ（吸着）されるので、自由にスムーズな線を描く場合などはマウスを操作しにくくなるので、非表示にしておいてもよいでしょう。また、Illustratorに慣れている方がスマートガイドを使う場合は［アンカーとパスのヒント表示］のチェックを外して、「交差」「中心」といったヒントは非表示にしておくのがおすすめです。

［グリフガイド］は、［グリフにスナップ］をオンにしているときに文字の要素ごとの位置を検知して周りのオブジェクトに揃える機能です **02**。［表示］メニューや文字パネルから設定できます。

グリフにスナップ

Chapter 1

［ユーザーインターフェイス］

　［ユーザーインターフェイス］では、Illustratorの見た目をカスタマイズできます **01**。

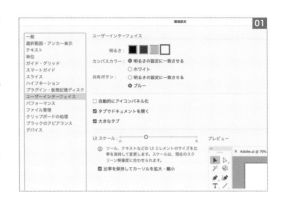

［明るさ］
　画面が明るいほうがよいという場合は「明」（グレー）を選択します。

［カンバスカラー］
　カンバスとはアートボードの外側のことを指します。白色にも設定できます。

［UIスケール］
　スライダーを右（大）に移動するとインターフェイスの各パーツの大きさがサイズアップします。

［比率を保持してカーソルを拡大・縮小］
　UIを拡大したときにカーソルを一緒に大きくするかを選択します。

> **Attention**
> **UIの拡大・縮小がサポートされていない機種**
> UIの拡大・縮小がサポートされていない機種では、［UIスケール］［比率を保持してカーソルを拡大・縮小］は表示されません。

［ファイル管理］

　［ファイル保持オプション］ではデータの自動保存や復元についての項目を設定できます。

［復帰データを次の間隔で自動保存］
　ドキュメントの変更内容は［ファイル］メニューの［保存］を選択しないと保存されませんが、突然アプリがクラッシュしてIllustratorを再起動した場合には任意の間隔でバックアップしていたデータを復帰させることができます。
　［復帰データを次の間隔で自動保存］では、このバックアップの間隔を調整できます。

［クラウドドキュメントを次の間隔で自動保存］
　クラウドドキュメントの自動保存の間隔を決める

オプションです。AICファイル（クラウドドキュメント）での保存を一度選択すると、次の作業から自動保存ができます（［ファイル］メニューの［保存］による保存も可能です）。AICファイル自体は通常の保存も可能なので、この自動保存は［保存］の操作自体を不要にするというよりは、「バージョン履歴」などと併用すると便利な機能と言えます。

［Adobe Fontsを自動アクティベート］
　自分の環境にないAdobeFontsを使ったデータを開いたときにフォントを自動的にアクティベート（有効化）する設定です。

> **Attention**
> **再起動後に復帰データを誤って閉じてしまった場合は**
> 「Recovered」（復元）という接頭辞のついたファイルやIllustratorを誤って閉じてしまっても、Illustratorの自動保存（データ復元）フォルダから復元することができます。
> ・**macOSのファイルパスの例**
> ユーザー→［ユーザー名］→ライブラリ→Preferences→Adobe Illustrator 27 Settings→ja_JP→DataRecovery
> ・**Windowsのファイルパスの例**
> ユーザー→［ユーザー名］→AppData→Roaming→Adobe→Adobe Illustrator 27 Settings→ja_JP→x64→DataRecovery
> 「27」の部分にはインストールされているIllustratorのバージョンが入る。Macの「ライブラリ」フォルダ、Windowsの「AppData」フォルダが表示されない場合の対処法についてはP.139参照

さまざまな「選択」

オブジェクトの選択はIllustratorのすべての作業の始まりになるので大変重要な動作です。ツールを使った基本の動作をはじめとして、[選択]メニューを使った選択など、複雑な既存のオブジェクトを効率よく選択するためのさまざまな方法を知っておきましょう。

選択ツール・ダイレクト選択ツールの基本

選択用のツールで、クリックやドラッグすることによって、オブジェクトを選択できます。中でも選択ツールやダイレクト選択ツールは最もよく使われるツールと言ってもよいでしょう。いずれもshiftキーを押しながら別のオブジェクトをクリックするか、ドラッグ操作で複数のオブジェクトを選択できます。

▶ **選択ツール**
オブジェクトもしくはグループ単位で選択できます。

▷ **ダイレクト選択ツール**
アンカーポイントやセグメントなど、パーツ単位での選択ができます。

なげなわツール・グループ選択ツール

複雑な構造のオブジェクトを選択したい場合に役立つのが、なげなわツールやグループ選択ツールです。

なげなわツール
ドラッグで囲った領域を選択できるツールです。複数のアンカーポイントをまとめて選択するのに適しています 01 。

グループ選択ツール
グループ化された階層構造を持つオブジェクトの中で特定の階層のオブジェクトを選択したい場合に便利なツールです。グループ化されたオブジェクトをクリックしていくと、グループの中の階層が順繰りに選択されます。レイヤーパネルのサブレイヤーを開きながら確認するとわかりやすいでしょう 02 。

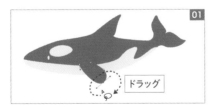

ドラッグ

クリック

Memo

レイヤーやオブジェクトの「ロック」と「選択」

P.032で紹介しているロック機能を使用すると、ロックされているオブジェクトは選択できなくなります。選択系のツールはもちろん、メニューからの自動選択も不可能になるので、一括で選択したい場合はあらかじめすべてのレイヤー、オブジェクトのロックを解除しておきましょう。また、レイヤーパネルからレイヤーのロックを解除しても、オブジェクト単位でのロックはそのまま、というケースもよくあるので、レイヤーパネルを確認するとともに、[オブジェクト]メニュー→[すべてをロック解除]も実行しましょう。

自動選択ツール

近似あるいは同一の形や色を持つオブジェクトを一括で選択できるようになると、その後の修正などをスムーズに行えます。

✏ 自動選択ツール

クリックして選択したオブジェクトと近似のオブジェクトを一緒に選択します。設定のコツをつかめば便利なツールです。

ツールアイコンをダブルクリックして表示される自動選択パネル 01 で、[カラー（塗り）][カラー（線）][線幅][不透明度][描画モード]をチェックし、[許容値]を指定してから、オブジェクトをクリッ

クすると、設定に応じて近似のオブジェクトが一緒に選択されます。[選択]メニューの[オブジェクトを一括選択]（P.044）でも同様の操作を行えますが、自動選択ツールでは[許容値]の指定が可能なので、設定によっては完全に同一でないオブジェクトも一緒に選択することができます。

[選択]メニュー→[すべてを選択][作業アートボードのすべてを選択][選択範囲を反転]

[選択]メニュー→[すべてを選択]

ロック／非表示にされているオブジェクト以外のすべてのオブジェクトを選択します。ショートカットcommand〔Ctrl〕＋Aキーも覚えておきましょう。

[選択]メニュー→[作業アートボードのすべてを選択]

複数のアートボードの中で作業中のアートボードのオブジェクトのみを選択します。

[選択]メニュー→[選択範囲を反転]

直前に選択したオブジェクト以外を選択します。

[選択]メニュー→[共通]サブメニュー

[共通]サブメニューには、オブジェクトの塗りや線の色、フォントの種類などの属性をもとに選択できるコマンドが並んでいます。いくつか例を見てみましょう。

●線を選択する●

[選択]メニュー→[共通]→[カラー（線）]／[線幅]

元になる線のオブジェクトをひとつ選択して[カラー（線）]や[線幅]を選択すると同じ色や線幅を持つオブジェクトを一括で選択できます 01。カラーパネルや線パネルと併用するとイラストや図の線を編集しやすくなります 02。

●特定のフォントファミリーを選択する●

[選択]メニュー→[共通]→[フォントファミリー]

近年のアップデートでは、[テキスト]カテゴリが大幅に追加されました。同一のフォントファミリーやテキストカラーなどといった細部を選んで一括選択ができるようになっています。03 の例は、色や太さ（ウェイト）が異なるのでぱっと見た印象では別々のフォントにも見えますが、同一のフォントファミリーのため、3つのテキストオブジェクトが選択されます 04。

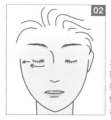

カラーパネルの線色と同じオブジェクトが選択される。イラストに使用している線が選択されている例

［選択］メニュー→［オブジェクト］サブメニュー

　基準となるオブジェクトを選択した状態で［選択］メニューを選ぶと、塗りや線、文字などの項目で同じ条件のオブジェクトが選択できます。［オブジェクト］サブメニューからは、大まかなオブジェクトの種類別に一括選択が可能です。

　特に［孤立点］は、納品やデータ入稿などでデータを第三者に渡すときに実行しておきたい項目です。

●テキストオブジェクトを選択する●
［選択］メニュー→［オブジェクト］→［すべてのテキストオブジェクト］

　文字ツールで入力したテキストオブジェクトが自動で選択されます。色やサイズ、フォントの一括置換などに便利です（アウトライン化された文字は選択できません）。 01 の図では、ポイント文字、エリア内文字が選択されています。

●孤立点を選択する●
［選択］メニュー→［オブジェクト］→［孤立点］

　何も要素のない孤立点が選択されます。孤立点は通常のプレビューでは確認できない、作業のミスでできたゴミのデータです。選択した孤立点はdeleteキーを押して削除します。

　02 の図では、4箇所の孤立点を選択しています。

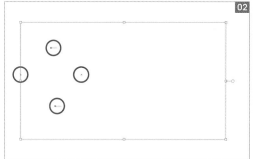

孤立点はなぜできる？

文字ツールやペンツールなどのツールを選択してアートボードをクリックしてから直後に別のツールに切り替えると、ペンツールの始点のポイントだけがアートボードに残ります。これを「孤立点」と言います 01 。通常のプレビューでは見分けにくいですが、［表示］メニューの［アウトライン］でも見つけることができます。意図しない場所に孤立点があるとデータの書き出し範囲に影響する場合があるので、こうした孤立点は削除しておきましょう。

Point

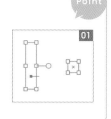

［選択］メニュー→［オブジェクトを一括選択］

●同一・近似のオブジェクトを自動で選択する●

AI（人工知能）を使った選択機能が「オブジェクトを一括選択」です。この機能を使うと、多少形の異なるオブジェクト（類似のオブジェクト）であってもまとめて選択をしてくれます。

基準になるオブジェクトを選択し、［選択］メニューから［オブジェクトを一括選択］を選択するか、プロパティパネルの［オブジェクトを一括選択］ボタンをクリックすると、そのオブジェクトと外観が似ているものをAIが判断して選択してくれます 01 。

［共通］サブメニューのコマンドと異なり、データ構造ではなく見た目で判断してくれるので、より柔軟な選択が可能になります。

一括選択を実行すると、［オブジェクトを一括選択］は［オブジェクトを選択解除］になります。

［オブジェクトを一括選択オプション］の［一致］セクションで［アピアランス］にチェックを入れると、外観が同じオブジェクトが検索できます。この状態で検索をすると、サイズの区別をつけずに同じ見た目のオブジェクトが選択されます。サイズを指定したい場合には［サイズ］にチェックを入れてからオブジェクトを選択し、［オブジェクトを一括選択］を選択します 02 。

特定のアートボードに絞って選択を行う場合は［アートボード］セクションでアートボードを指定します。

基準になるオブジェクトを選択し、［オブジェクトを一括選択］

外観が似ているオブジェクトが選択される

オブジェクトを一括選択オプション

検索と置換

●特定のテキストを検索・置換する●
［編集］メニュー→［検索と置換］

WordやExcel、テキストエディタなどと同じように、Illustratorでもテキストオブジェクトを対象に「検索と置換」を行えます。［編集］メニューの［検索と置換］を選択し、ダイアログ 01 の［検索文字列］に検索したいキーワードを入力します。［検索］をクリックすると検索が開始され、該当部分がハイライト表示されます。

［置換文字列］にテキストを入力して［置換］や［すべてを置換］で指定した文字列に置き換えることもできます。テキストの修正指示が出た場合に活用できると便利な機能です。ただし、アウトライン化されている文字は検索できないので注意しましょう。

特に欧文に関しては、P.059で紹介しているスペルチェック機能と併用すると誤字脱字を見つけやすくなり、修正のスピードも向上します。

10 移動と変形（拡大と縮小・回転・反転）

選択に次いで、オブジェクトの移動や変形も操作の重要なポイントです。移動や変形の方法について
ユーザの中に選択肢が豊富にあると、直感的にすばやく移動するのが早い場面と、数値などでの操作
が望ましい場面との違いを的確に判断し、効率よく操作できるようになります。

マウス・キー操作での移動

●任意の位置へ移動●

選択ツールでオブジェクトをクリックして選択し、ド
ラッグするとオブジェクト全体を移動できます 01 。

●水平／垂直／斜め45°に移動●

選択ツールなどと一緒にshiftキーを押しながら
オブジェクトをドラッグすると、水平・垂直・斜め
45°に固定して移動できます 02 。

●矢印キーによる移動●

オブジェクトを選択して矢印キーを押すと、上下
左右に移動できます。移動距離は、［環境設定］ダ
イアログの［一般］の［キー入力］で設定できます
（P.037の［一般］参照）。

なお、shiftキーを押しながら矢印キーを押すと、
［キー入力］で設定した値の10倍の値で移動でき
ます。

ドラッグして移動

shift＋ドラッグで水平（垂直・45度）方向に固定して移動できる

パネル、ダイアログでの移動

●変形パネルで座標を指定して移動する●

オブジェクトを選択し、変形パネル（もしくはプロ
パティパネルの「変形」）でオブジェクトの位置を［X］
［Y］の座標値で指定できます。このときオブジェク
トの原点が左上になっていると座標の位置がわか
りやすくなります 01 02 。

●［移動］ダイアログで移動距離と方向を指定する●

オブジェクトを選択し、［オブジェクト］メニュー
の［変形］から［移動］を選択するか、オブジェクト
を右クリックして表示されるメニューで［変形］から
［移動］を選択すると、［移動］ダイアログが表示さ
れます。［水平方向］［垂直方向］にあと何ミリか足す
（引く）といった移動に便利です 03 04 。

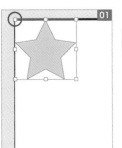

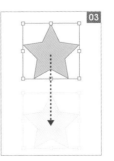

バウンディングボックスを使った変形①：拡大・縮小

バウンディングボックスを使用すると、マウス操作で直感的にオブジェクトの拡大・縮小ができます。

●バウンディングボックスを表示する●
［表示］→［バウンディングボックスを表示］［バウンディングボックスを隠す］01

バウンディングボックスは表示／非表示を切り替えられます。

●自由な比率で拡大・縮小する●
バウンディングボックスのハンドルをドラッグすると自由に拡大・縮小できます 02。

●元の比率を維持して拡大・縮小する●
shiftキーを押しながらハンドルをドラッグすると、縦横比を一定に保ちながら拡大・縮小できます 03。

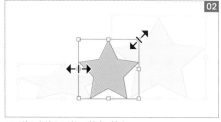

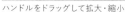

ハンドルをドラッグして拡大・縮小

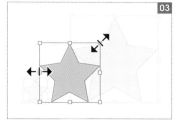

ハンドルをshift＋ドラッグで縦横比を保持して拡大・縮小

バウンディングボックスを使った変形②：回転

バウンディングボックスを回転させるには、バウンディングボックスの外側をドラッグします。

●自由な角度で回転する●
カーソルを四隅のハンドルから少し離し、カーソルの形状が、⤺のように変化してからドラッグを開始すると回転できます 01。

●45度間隔で回転する●
shiftキーを押しながらドラッグすると、45度間隔で回転できます 02。

●バウンディングボックスをリセットする●
［オブジェクト］メニュー（もしくは右クリックメニュー）→［変形］→［バウンディングボックスのリセット］

回転などを加えた場合、オブジェクトと一緒にバウンディングボックスも傾きます。バウンディングボックスの角度を0°に戻すには［バウンディングボックスのリセット］を選択します 03。

ドラッグして回転

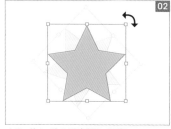

shift＋ドラッグで45度間隔で回転

変形パネル、[個別に変形]ダイアログでの変形

●複数のオブジェクトにも対応した
［個別に変形］ダイアログ●
［オブジェクト］メニュー（もしくは右クリックメニュー）→
［変形］→［個別に変形］

　複数のオブジェクトを選択し、［個別に変形］を選択すると、［個別に変形］ダイアログで移動やパーセントによる変形を個別に行えます 01。［ランダム］では、大きさをランダムに変形できるので、複数

のオブジェクトを飾りとしてランダムに変形させたいときに便利です 02 03。

●変形パネルでサイズを指定して変形する●
　P.045で紹介している変形パネルでは、［W］［H］［角度］［シアー］の値を指定して変形できます 04。+、−、*、/による四則演算ができるので、現在のサイズを基準にした変更も可能です。

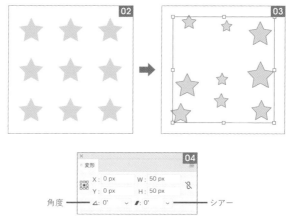

角度　　　　　　　　　　　　　　　　シアー

ツールを使った変形①：パス操作による変形

　オブジェクトの一部分を変形するには、パス（アンカーポイントやセグメント）を選択してドラッグなどの操作を行います。パスの一部分を選択できるふたつのツールと両者の違いについて説明します 01。

ダイレクト選択ツール

　一部のパスをクリック、あるいはドラッグして複数選択し、ドラッグ操作などで移動することでオブジェクトの変形を行います。選択したパス以外の部

分は変形できません。

リシェイプツール

　オブジェクトの一部のパスをドラッグすると変形できます。オブジェクト内の選択外のパスも連動して変形できるので、スムーズな変形が可能です。グループ化されている別のオブジェクト同士を一緒に変形することはできません。

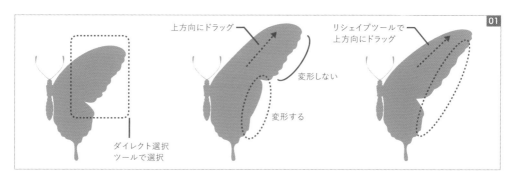

ツールを使った変形②：数値による変形

回転ツール、拡大・縮小ツール、シアーツールでもパーセントや角度など、数値による変形を行えます。なお、[オブジェクト]メニューの[変形]サブメニューのコマンドでも実行できます。

↻ 回転ツール

回転ツールには3つの操作方法があります。

● 座標を指定して自由に回転 **01**
　①選択ツールでオブジェクトを選択
　②回転ツールを選択
　③クリックして座標を指定
　④オブジェクトをドラッグ

● 中心から角度を指定して回転 **02**
　①選択ツールでオブジェクトを選択
　②回転ツールをダブルクリック
　③角度を入力して[OK]を選択

● 座標と角度を指定して回転 **03**
　①選択ツールでオブジェクトを選択
　②回転ツールを選択
　③option〔Alt〕キー+クリックで座標を指定して[回転]ダイアログを表示

　④角度を入力して[OK]を選択

なお、[回転]ダイアログで[コピー]を選択すると、オブジェクトの複製を回転し、元のオブジェクトはそのままの位置に残しておくことができます。

拡大・縮小ツール

オブジェクトを選択後に拡大・縮小ツールをダブルクリックして%での拡大・縮小を実行できます。

シアーツール **04**

オブジェクトを選択後にシアーツールをダブルクリックして、角度を入力してオブジェクトを傾斜させることができます。テキストオブジェクトにも有効です。

自由変形ツール **05**

オブジェクトを選択後、自由変形ツールを選択するとサブツールが4種類表示されるので、[縦横比固定]のオンオフを設定し、ほかの3種類のツールを選択してオブジェクトのハンドルをドラッグします。たとえば遠近変形ツールを選択して長方形のハンドルをドラッグすると、台形状に変形できます。

回転ツールをダブルクリックしてダイアログを表示

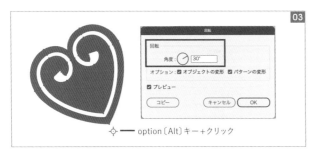

option〔Alt〕キー+クリック

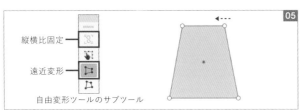

縦横比固定

遠近変形

自由変形ツールのサブツール

ツールを使った変形③：ユニークな変形

さらにユニークな変形ができるツールもあります。イラストなどに活用してみましょう。

- ⬛ ワープツール
- 🔳 うねりツール
- ✖ 収縮ツール
- 💠 膨張ツール
- 🔳 ひだツール
- 🔳 クラウンツール
- 👑 リンクルツール

オブジェクトを選択してから各ツールを選択し、オブジェクトの上を軽くドラッグすると各ツールの特徴的な形状に変形します 01 。各ツールをダブル

クリックしてオプションのダイアログを表示し、設定（ブラシのサイズ＝変形の強弱）を変更できます。

- 📌 パペットワープツール

オブジェクトを選択後、パペットワープツールを選択すると、オブジェクトにメッシュとピンが表示されます。ピンはクリックで追加できます。ピンをドラッグすると、オブジェクトが操り人形（パペット）のようにゆがみます 02 03 。

ノーマル　ワープ　うねり　膨張　収縮

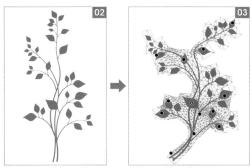

パペットワープツールでピンをドラッグして変形

さまざまな反転

鏡状に上下や左右を反転するにはいくつかの方法があります。ツールから反転する場合はショートカット（Oキー）を使うとさらに時間短縮になります。

● 自由に反転 ●

バウンディングボックスのセグメントの中央のハンドルを選択し、を左右あるいは上下にドラッグすると、選択したハンドルとは反対のセグメントを軸にオブジェクトが反転します。

● プロパティパネルのボタンをクリックして反転 ●

プロパティパネルの［水平方向に反転］◄ ［垂直方向に反転］≥ 01 をクリックすると、基準点を軸に

オブジェクトが水平／垂直に反転します。手軽かつ正確に反転できて便利です。

● ◄► リフレクトツールで反転 ●

①リフレクトツールのアイコンをダブルクリックして［リフレクト］ダイアログを表示すると、［水平］［垂直］を選択できます。パターンも反転させるかどうかもチェックボックスで指定できます。また、［コピー］を使用すると、元のオブジェクトを残したまま、複製オブジェクトを反転できます。

②リフレクトツールで、オブジェクトを覆うように一方向にドラッグすると、ドラッグした方向にオブジェクトが反転します。

● 距離を指定して反転 ●

P.047で紹介している［個別に変形］ダイアログを使用しても反転が可能です。「距離」と「コピー」を併用すると、元のオブジェクトを残したまま、一定の距離を保ってオブジェクトをコピーできるので、「左腕を描いてから反転して右腕にする」というような作業に役立ちます。

11

オブジェクトの複製

複製（コピー&ペースト）も頻度の多い作業です。変形や反転などと併用することで効率的にオブジェクトを量産・編集できます。複製の方法もいくつかあるので、ケースバイケースで異なる複製を使えるようになりましょう。

さまざまな複製

複製の方法には、それぞれの利点があります。複製は頻出の操作なので、以下ではキーボードショートカットを紹介していますが、ペーストは[編集]メニューや右クリック（コンテクストメニュー）からでも実行可能です。

● コピー（command〔Ctrl〕+C）&ペースト ●
command〔Ctrl〕+V

コピーされたオブジェクトの位置に関わらず、ペースト時に表示されているワークスペース（カンバス）の中心へペーストされます。

command〔Ctrl〕+shift+V

元のオブジェクトと同じ位置へペーストされます。

command〔Ctrl〕+shift+option〔Alt〕+V

複数のアートボードがある場合に、すべてのアートボードにペーストされます。ペースト位置は、元のアートボード上のオブジェクトの位置と同じになります 01 02 。

● 前面／背面へペースト ●
command〔Ctrl〕+F（前面）／command〔Ctrl〕+B（背面）

コピー元と同じ位置の前面あるいは背面へペーストできます（P.032でも紹介しています）。

● option〔Alt〕+ドラッグでの複製 ●

オブジェクトを選択後にoption〔Alt〕+ドラッグすると、オブジェクトを複製できます。カーソルの形状が▶になっていることを確認してドラッグしましょう。さらにshiftキーを押すと、ドラッグの動きを水平／垂直／45度間隔に限定できます。

● 各種変形ツールのダイアログでのコピー ●

たとえば回転ツール（P.048）のダイアログにある[コピー]をクリックすると、元のオブジェクトの位置をそのままにして回転後のオブジェクトが複製されます。

● レイヤーパネルを使った複製 ●

オブジェクトを含んだレイヤーを、レイヤーパネル下端の[新規レイヤーを作成]アイコン上へドラッグすると、レイヤーとオブジェクトを複製できます。

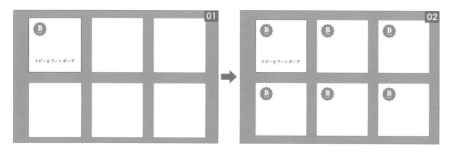

覚えておきたいショートカット：command〔Ctrl〕+Dによる直前の動作の繰り返し **Point**
変形や複製は、同じことを何度も繰り返すことが多い動作です。そこで活用したいのが、繰り返しのショートカットであるcommand〔Ctrl〕+D（[オブジェクト]メニュー→[変形]→[変形の繰り返し]）です。

12

オブジェクトの整列と分布

オブジェクトを決められた位置へ揃えるには、ガイドを使って吸着させる方法がありますが、複数のオブジェクトを整列させたり、間隔を揃えたりする場合は、整列パネルを使います。整列パネルの設定を覚えると、簡単な操作で正確に配置できるようになります。

オブジェクトを正確に配置する機能

オブジェクトを正確にレイアウトするための機能を紹介します。P.045の移動に関する操作も確認しておくとよいでしょう。

●ポイントにスナップ●
[表示]メニュー→[ポイントにスナップ]
アンカーポイントやセンターポイントといった、オブジェクトのポイントに選択オブジェクトがスナップするので、オブジェクト同士を揃えやすくなります。

●スマートガイド●
[表示]メニュー→[スマートガイド]
オブジェクト同士の位置関係のガイドが表示さ

れ、隣接するオブジェクト同士の端や中央などにスナップするため、揃えやすくなります 01 。

●定規とガイド、グリッド●
[表示]メニュー→[定規]
[表示]メニュー→[ガイド]
[表示]メニュー→[グリッド]
プロパティパネルでアートボードを選択しているときにも表示の有無を切り替えられます。グリッドを使用しているときは、「グリッドにスナップ」も併用するとよいでしょう 02 。

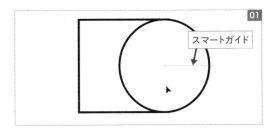

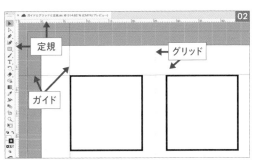

「整列パネル」の基本

整列パネル（[ウィンドウ]メニュー→[整列]）を使うと、オブジェクトを基準に従って整列・分布できます。プロパティパネルでは、オブジェクトを選択すると[整列]の項目が表示されます。
[オブジェクトの整列]の基準は3つあり、アイコンと項目を選択してその基準を切り替えることができます。
[オブジェクトの分布]には[分布]と[等間隔に分布]の2種類があります。
プロパティパネルから[オブジェクトの分布][等間隔に分布]にアクセスするには … アイコンをクリックします 01 。

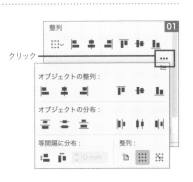

［アートボードに整列］

［アートボードに整列］ を使うと、アートボードが整列の基準になるので、選択したオブジェクトがひとつでも整列機能を利用できます。たとえば［水平方向左に整列］と［垂直方向上に整列］を選択すると、アートボードの左上にオブジェクトが揃います  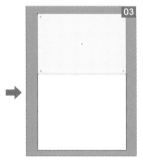。

なお、印刷用途のアートボードで「裁ち落とし」が設定されている場合、断ち落としの外側はこの整列に考慮されません。たとえば、断ち落としを3mmに設定していて、背景として整列オブジェクトを利用する場合は、変形パネルで座標を裁ち落とし分の−

3mmずつ移動して、左上に移動しておく必要があります 。

アートボードと同じサイズの長方形を作って「アートボードに整列」でアートボードの座標と同じ位置にオブジェクトを整列させ、［オブジェクト］メニュー→［パスのオフセット］を使用し、マイナスの数値を入れて元のサイズよりも小さい長方形を作り 、［表示］メニューの［ガイド］から［ガイドの作成］を選択してガイド化すると、レイアウト上でのセーフティーゾーンとして利用できます。

アートボードに整列

［選択範囲に整列］

［選択範囲に整列］は、多用される一般的な整列の機能と言ってもよいでしょう。

複数のオブジェクトを選択し、［選択範囲に整列］

を選択してから、整列方法を選択すると、複数のオブジェクトの一番端にあるオブジェクトを基準にほかのオブジェクトの位置が揃います 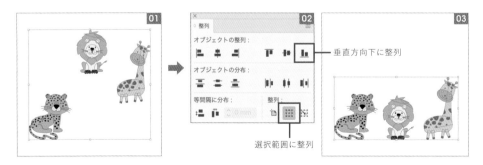。

垂直方向下に整列

選択範囲に整列

［キーオブジェクトに整列］

［キーオブジェクトに整列］は、キーオブジェクトに指定したオブジェクトを基準にほかのオブジェクトを揃えます。以下の方法で操作します。

① 複数のオブジェクトを選択
② 整列パネルの［キーオブジェクトに整列］を選択
③ キーオブジェクトにしたいオブジェクトをクリック（アンカーポイントの線が太くなる）
④ 各種整列を選択

01 〜 03 の例では、サルをキーオブジェクトにして［垂直方向中央に整列］を選択しているので、サルを中心にほかの動物が揃っています。

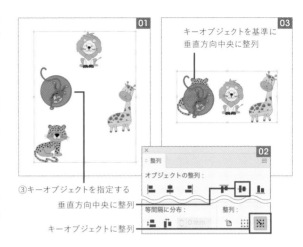

③キーオブジェクトを指定する
垂直方向中央に整列
キーオブジェクトに整列

［字形の境界に整列］

テキストオブジェクトと図形オブジェクトを揃えたい場合、バウンディングボックスを基準にすると実際の文字の中心との見た目が合わないために、整列機能を使っても揃って見えないことがあります 01 。

そこで、整列パネルのパネルメニューの［字形の境界に整列］から［ポイント文字］［エリア内文字］を選択してから整列を行うと、オブジェクトと文字を見た目で揃えることができます 02 。

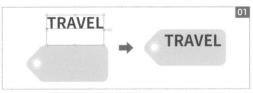

バウンディングボックスの境界を基準に垂直方向中央に整列させた例。文字の下にスペースがあるのでうまく揃わない

［オブジェクトの分布］と［等間隔に分布］の違い

「分布」は選択したオブジェクト（もしくはアートボード）間にオブジェクトを分布させる機能ですが、［オブジェクトの分布］と［等間隔に分布］では基準が異なります。［オブジェクトに分布］ではオブジェクトのセンターポイント（中心点）からセンター

ポイントまでの間の距離を見ているので、オブジェクトの形状が異なっていると、見た目の間隔が均等になりません 01 。形状の異なるオブジェクトの間隔を均等に分布する場合は［等間隔に分布］を選択するとよいでしょう 02 。

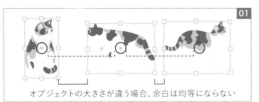

オブジェクトの大きさが違う場合、余白は均等にならない
［オブジェクトの分布］は中心点同士の距離を等間隔に分布する

オブジェクトの大きさ違っても、余白は同じサイズになる
［等間隔に分布］は、オブジェクト間を等間隔に分布する

Chapter 1

13

文字組み

Illustratorは文字を扱うことに長けたアプリのひとつで、多くの機能を備えていますが、レイアウト専用のDTPアプリであるInDesignと比べると劣る点もあります。ここでは豊富な機能について紹介するとともに、Illustratorでは難しい作業などについても紹介します。

タイポグラフィにおけるIllustratorの得意と不得意

文字をレイアウトしていくことを「文字組み（文字を組む）」や「タイポグラフィ」と言います。長い文章では読み手にとって読みやすく、自然な文字組みが理想です。逆に訴求力が必要な広告などは、目立つ派手なフォントと、印象に残る文字組みや加工などが必要になります。

Illustratorは、後者のような目を引く加工が得意です。文字タッチツールやさまざまな効果機能を活用したり、アウトライン化して装飾を加えることで、より視覚に訴える文字をデザインできます。

一方で、長文を扱うことについてはInDesignに軍配が上がります。たとえば、Illustratorにはルビの機能がないので、ルビ用の文字を別に入力して、サイズや位置を設定する必要があり、雑誌や書籍といったルビを必要とする長文には不向きです。

また、InDesignでは、テキストボックスで1行に何文字入るかをグリッドツールで計算できたり、高機能な文字アキ量設定（P.057）で、より質の高い文字組みを実現できます。

とはいえ、文字組みのための機能はIllustratorにも豊富に備わっていますし、Illustratorで長文を組んではいけないというわけでもありません。本節ではIllustratorで文字を扱うための機能について順番に見ていきましょう。

ポイント文字とエリア内文字

● 短いテキストには「ポイント文字」●

文字ツールでアートボード上をクリックして、文字を入力すると「ポイント文字」となります。ポイント文字は、改行しない限り文字が並んでいきます 01。

ポイント文字のバウンディングボックスを拡大すると、文字も拡大します。

● 長い文章には「エリア内文字」●

文字ツールでドラッグするか、長方形オブジェクトなどのアウトラインをクリックすると、文字入力用のエリアが作成されます。文字を入力すると、エリアの境界で自動的に文字が折り返します 02。エリア内文字のバウンディングボックスを拡大すると、文字サイズはそのままでエリアが拡大します。

● ポイント文字とエリア内文字を切り替える●

テキストオブジェクトのバウンディングボックス右側に表示される丸部分をダブルクリックすると、ポイント文字とエリア内文字を切り替えられます 03。

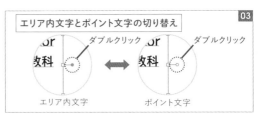

エリア内文字を調整する

・エリアと文字との配置を調整する・

エリア内を文字を作成、選択した状態で文字ツールをダブルクリックすると、[エリア内文字オプション]ダイアログが表示されます **01**。エリアの[幅][高さ]や[段数][オフセット]などを設定できます。

ダイレクト選択ツールでエリアのパスを選択すると、エリアに塗りを設定できます。このとき、[オフセット]にプラスの値を設定しておくと、塗りとテキストの間に余白を設けることができます。

[テキストの配置]の位置を中央にすると、エリア内の垂直方向中央に文字が揃います。オフセットと併用してレイアウトするとよいでしょう。

逆に文字の量に応じてエリアの面積を決めたいときには、[自動サイズ調整]にチェックを入れます（バウンディングボックスの下の四角いアイコンを

ダブルクリックしても同じ結果になります **02**）。

・行頭、行末の処理を調整する段落パネル **03** の設定・

エリア内文字で行頭、行末を揃えたいは、次の項目を設定するとよいでしょう。段落パネルについてはP.057でも紹介します。

行末を揃える

左揃えなどでは文字の並びによってエリア右端が揃わずアキが生じたりしますが **04**、[均等配置（最終行左揃え）]を選択すると、右端がきれいに揃います **05**。

禁則処理を設定する

句読点などが行頭に来ないようにするには[禁則処理]を設定します **06** ～ **08**。

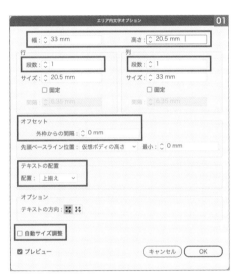

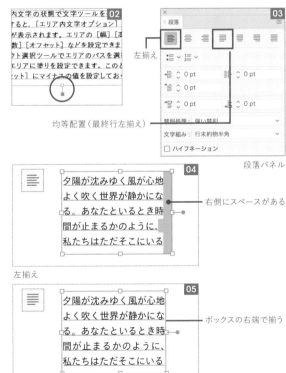

段落パネル

左揃え

均等配置最終行左揃え

段落パネル

行の先頭に約物が来てしまう

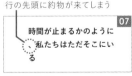

禁則処理：なし

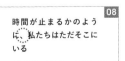

禁則処理：強い禁則

> **Point**
>
> ## 禁則処理とは
>
> 文章の読みやすさのため、句読点・疑問符・括弧類などの「約物」などが行頭・行末などにあってはならないとされる決まりやその調整処理のことです。句読点の処理については、上で紹介している「追い出し」以外にも、「追い込み」や「ぶら下がり」とよばれる方法があります。

Chapter 1

文字パネル

文字パネルは文字の入力・編集には欠かせないパネルです。項目が多いので、必要に応じて項目の表示／非表示を行います。**01** では、パネルメニューでパネルに表示されるオプション類を増やす［オプションを表示］を選択し（表示中は［オプションを隠す］となる）、［フォントの高さを表示］［文字タッチツール］も選択しています。

「グリフにスナップ」は［表示］メニューの［スマートガイド］が有効になっているときに利用できます。

●［文字間のカーニングを設定］：［オプティカル］［メトリクス］［和文等幅］とプロポーショナルメトリクス●

文字同士の間隔を詰める「カーニング」は、文字の両端の余白を削って文字詰めを行います。数値を入力するほかに、オプティカル／メトリクス／和欧等幅を選択して文字詰めができます **02** ②③④。「メトリクス」を選択できる場合は、OpenTypeパネル **03** のプロポーショナルメトリクス①を一緒に設定します。

①プロポーショナルメトリクス（OpenTypeパネル）

フォントの中に入っている1文字ごとの詰め情報を元に自動で文字詰めを行う機能です。欧文（半角英数）に関してはツメが行われないため、文字パネルのカーニング-メトリクス②と併用します。プロポーショナルメトリクスの情報がないフォントもあります。

②カーニング-メトリクス

プロポーショナルメトリクスに加えて、たとえば普通に並べただけでは開きすぎていると感じるような、WとAといった特定の文字の組み合わせに対してツメの設定を行います（ペアカーニング）

③カーニング-和文等幅

和文については、詰めを行わない等幅の設定となります（ベタ組み）。英数字はメトリクスと同様です。

④カーニング-オプティカル

Illustrator側で文字の形を見て自動で文字を詰めるAdobe独自の設定です。メトリクスの設定がない古いフォントの場合には参考になりますが、プロポーショナルメトリクスがある場合はそちらを優先したほうが（フォントの製作者の意図した文字組みになり）読みやすい文字組みになります。

①プロポーショナルメトリクス

①プロポーショナルメトリクス+②メトリクス

③和文等幅

④オプティカル

4種の比較

カーニング

Point

文字の幅をリセットする command〔Ctrl〕+shift+X

ポイント文字のバウンディングボックスを誤ってドラッグしてしまい、文字の水平比率や垂直比率が変わってしまうことがあります。

このときcommand〔Ctrl〕+shift+Xを押すと100%（正体）に戻すことができます **01**。

水平比率　➡　水平比率

段落パネル

段落パネル（P.055）は行頭などの処理も設定できます。1字下げや段落ごとのスペースを設定するのに便利です。また、近年のアップデートではリストとして行頭に記号や数字を自動でつける機能も登場しました 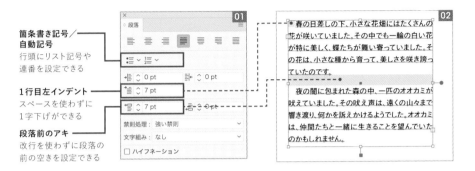。

箇条書き記号／自動記号
行頭にリスト記号や連番を設定できる

1行目左インデント
スペースを使わずに1字下げができる

段落前のアキ
改行を使わずに段落の前の空きを設定できる

段落パネルの文字組みアキ量設定

文字パネルのカーニングとは別に、欧文や和文との間隔や括弧や句読点などの約物（やくもの）の間隔を設定できる機能が「アキ量設定」です。

段落パネルの［文字組み］では、規定の文字組みを選択できます 。

アキ量の設定をカスタマイズするには、段落パネルの［文字組み］から［文字組みアキ量設定］を選択します。 のダイアログが表示されるので、［新規］をクリックして既存の設定のコピーを作成し、値を変更します。

たとえば、デフォルトのアキ量設定では、欧文の前後には最大50%のアキが入ります。これを0にすると、和文と欧文の空白がなくなります 。

異体字と字形パネル

たとえば、同じ「斎」という文字でも、「齋」など異なる形の漢字が存在します。OpenTypeのフォントでは、こうした異なる字形の「異体字」を選択できます 。

字形パネル（［ウィンドウ］メニュー→「書式」→「字形」）が表示されている状態で異体字を確認したい文字をドラッグすると、字形パネルに字形の候補が表示されます。字形パネルから字形を選択すると、選択された文字も変更されます。

制御文字

●制御文字を表示する／非表示にする●
[書式]メニュー→[制御文字を表示]

　同じ空白であっても、全角、半角スペース、tabキーによる空白では、そのアキの量や性質は異なります。また、改行の種類や有無も重要な場合があります。

　支給されたテキスト原稿に不要なスペースや改行が混ざっていることはよくあります。こうした見えない情報を視覚化するのが制御文字です。表示しておくと、意図しないスペースなどを見つけやすくなります 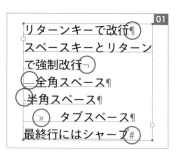。

段落スタイルパネルと文字スタイルパネル

●段落スタイルパネル●
　段落スタイルパネル（[ウィンドウ]メニュー→[書式]→[段落スタイル]）は、フォントの種類やサイズなどをプリセット化して保存し、呼び出すことができるパネルです。

　既存の段落を選択し、段落スタイルパネルの[新規段落スタイルを作成]をクリックして段落スタイルを設定します 01。作成したスタイル名をクリックして段落全体に段落スタイルを適用します 02 〜 03。

●文字スタイルパネル●
　文字スタイルパネル（[ウィンドウ]メニュー→[書式]→[文字スタイル]）は、たとえばワンフレーズを強調するといった形でテキストの一部を変えたい場合に、スタイルを登録しておくパネルです。

　既存の文字を選択し、文字スタイルパネルの[新規文字スタイルを作成]をクリックして文字スタイルを設定します 04。スタイルを適用したい文字をドラッグして文字スタイルパネルの項目から設定した文字スタイルをクリックして適用します 05。

[新規段落スタイルを作成]

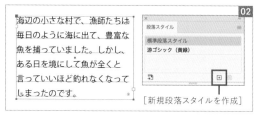

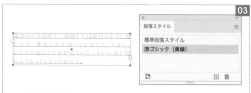

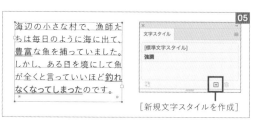

[新規文字スタイルを作成]

スペルチェック・カスタム辞書

文字の量が増えてくると、校正やテキストを置き換える作業は大変になります。そこで活用したい機能を紹介します。

●スペルチェックを有効にする●
[編集]メニュー→[スペルチェック]→[自動スペルチェック]

自動スペルチェックにチェックが入っていると 、英単語のスペルミスを自動でチェックし、赤線

で指摘してくれます **02**。手動でスペルを修正するか、右クリックで候補を選択、あるいは［無視］を選択すると赤線を消せます **03**。

●検索と置換●
[編集]メニュー→[検索と置換]

検索と置換を使うと、Illustratorのドキュメント中にあるテキストを検索して置き換えられます。P.044で紹介しています。

合成フォント

01 の作例のような、日本語と英語のフォントが異なる場合は、つどテキストをドラッグして文字パネルで編集すると時間がかかります。そこで合成フォントを使いましょう。

合成フォントを使えるようになると、かな文字だけのフォントを漢字と組み合わせてオリジナルの文字セットにするといった活用法も生まれます。

●合成フォントを作成・編集する●
[書式]メニュー→[合成フォント]

「合成フォント」を利用しましょう。

①[書式]メニューから[合成フォント]を選択
②[合成フォント]ダイアログ **02** の[新規...]をクリックして合成フォント名を設定
③漢字、かな、約物、記号、欧文、数字を設定
④[保存][OK]をクリック
⑤文字パネルから①で設定した合成フォントを指定

01 の作例では、同じセリフ体のフォントを適用し、欧文については110％に設定しています。

Point

無料で利用できる「Adobe Fonts」

[書式]メニュー→[Adobe Fontsのその他のフォント]を選択するとブラウザが起動し、Webサイト「Adobe Fonts」が表示されます。ここでフォントを探してアクティベートすると、Illustratorで利用できます。2023年現在、上記サンプルで紹介しているマティスやCaslonなども利用できます。

Chapter 1

14

色の管理とスウォッチ

デザインにとって重要な要素である「色」。いきあたりばったりで色を選ぶのではなく、明確にテーマカラーを決めてデザインに反映していくと、よい仕上がりになります。そこで重要になってくるのが色の管理です。本節では色の管理についてスウォッチを中心に紹介します。

色の管理の選択肢

色を管理する方法はいくつかあります。メリットやデメリットについて考えてみましょう。

●ドキュメント上に色玉を作ってスポイトで抽出●

アートボードやカンバス上に四角形や円で色をストックしておき、スポイトツールでオブジェクトに適用していく方法です 01 。手軽な方法ですが、ドキュメントに余分なオブジェクトが残ってしまうので注意が必要です。スポイトツールの操作はP.064で紹介しています。

●スウォッチパネルでの管理●

スウォッチパネルを使って色を管理していく方法です。スウォッチへの理解が必要になりますが、慣れると効率よく色を管理できます。グラデーションやパターンも登録可能です 02 。

●ライブラリパネルでの管理●

ライブラリパネルを使用して色やグラフィックを登録すると、Photoshopなどの他のアプリケーションや、他のAdobeユーザーとも共有が可能です。これを利用して色を登録していく方法です 03 。たとえばロゴのデータとコーポレートカラーをひとつのライブラリにまとめることができるのはメリットです。カラーとして登録した色はスウォッチ同様、クリックするだけで色を反映できますが、グラデーションやパターンを含めることはできません。

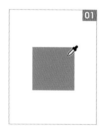

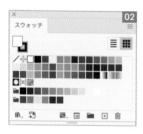

スウォッチパネルの基本

スウォッチパネル（[ウィンドウ]メニュー→[スウォッチ]）はパレットのような役割を持ちます。単色、グラデーション、パターンなどを登録できます。後述するグローバルスウォッチや特色スウォッチといった特別なスウォッチもあります。何度も使用する色はスウォッチに登録しておくと便利です。

●新規スウォッチを登録する●
パネルメニュー→[新規スウォッチ]

新しく単色のカラースウォッチを登録するには、パネルメニューの[新規スウォッチ]（次ページ 03 ）（もしくはパネル下部のアイコン ＋ 01 ）を選択し、[ス

ウォッチオプション］ダイアログで色の情報を指定します 02 。

登録したい塗りを含んだオブジェクトを選択し、［新規スウォッチ］を選択して登録することもできます。

● スウォッチの色をオブジェクトに適用する ●
オブジェクトを選択し、スウォッチパネルに登録されているスウォッチをクリックします 04 。

● スウォッチを削除 ●
スウォッチを削除するには、スウォッチをクリックして選択（shiftキー＋クリックで複数選択も可能）して、削除アイコンをクリックします 05 。スウォッチを削除アイコン上にドラッグして削除することもできます。

● スウォッチを書き出す／読み込む ●
スウォッチはドキュメントに依存するので、別のファイルでスウォッチを使えるようにするには、いったん保存元のドキュメントからスウォッチライブラリを書き出し、利用先のドキュメントでそれを読み込む必要があります。

具体的には、元のファイルで、スウォッチパネルのパネルメニューから［スウォッチライブラリを交換用として保存］を選択します 06 （パターンやグラデーションが含まれているときは、［スウォッチライブラリをIllustratorとして保存］を選択します）。

［スウォッチライブラリを交換用として保存］を選択した場合は、読み込む側のドキュメントで、スウォッチパネルメニューの［スウォッチライブラリを開く］ 07 から［その他のライブラリ］を選択し、保存したスウォッチを選択します。読み込んだスウォッチはスウォッチライブラリパネルとして開かれます。

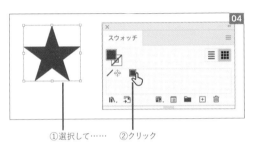

①選択して…… ②クリック

交換用のスウォッチはスウォッチライブラリメニューの［その他のライブラリ］から開くこともできる

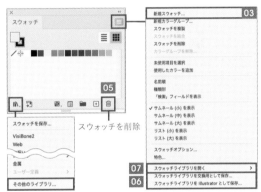

スウォッチを削除

スウォッチの種類

✏ なし

◈ レジストレーション
CMYKの各4色が100%になっている黒色です。トリムマークなどに用いられます。

■ カラースウォッチ
RGBとCMYKのほか、グレースケールなどを選択できます。

▨ グラデーションスウォッチ
グラデーションツール（パネル）で作成したグラデーションを選択して、通常のスウォッチと同様に［新規スウォッチ］から登録できます。

▣ パターンスウォッチ
オブジェクトをスウォッチパネルへドラッグするか、パターンオプションパネルで作成したパターンを登録できます（P.063）サムネイルはパターンの柄に応じて変化します。

◸ グローバルスウォッチ
登録した色を100%として、濃淡の異なる色を作ることができるスウォッチです。色を変更すると、グローバルスウォッチが適用されたオブジェクトも一括で変更できます（次ページ参照）。

◸ 特色スウォッチ
グローバルスウォッチと似ていますが、印刷で使用する特色をスウォッチとして使用するもので、スウォッチライブラリから利用します。

グラデーションスウォッチ

　グラデーションパネル 01 やグラデーションツール ■ で作成したグラデーション 02 を登録します。

　グラデーションパネルのグラデーションの塗りアイコンを選択し、スウォッチパネル 03 上にドラッグ＆ドロップするか、グラデーションの選択中にスウォッチパネルのパネルメニューから［新規スウォッチを追加］を選択すると、グラデーションスウォッチが登録できます。

グローバルスウォッチの基本とメリット

　［スウォッチオプション］ダイアログで新規スウォッチを登録するときに［グローバル］をチェックすると、「グローバルスウォッチ」になります（グラデーションやパターンはグローバルスウォッチになりません）。グローバルスウォッチの特徴は次の2つです。

● 色の濃度をコントロールできる ●

　グローバルスウォッチを適用したオブジェクトを選択してカラーパネルを表示すると、CMYKやRGBではなくグローバルスウォッチのカラーバーが表示

されます 01 。スライダーを調整することで、登録時を100％として、色の濃度をコントロールできるので同系色のバリエーションを作りやすくなります 02 。

● スウォッチの変更がオブジェクトにも反映される ●

　登録したスウォッチをダブルクリックすると、色を修正できます 03 04 。通常のスウォッチの場合はスウォッチのみが修正されますが、グローバルスウォッチの場合は、そのグローバルスウォッチが適用されているオブジェクトすべての色が変わるので、あとから色を一括で修正できます 05 06 。

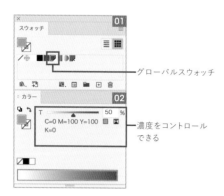

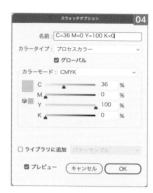

グローバルスウォッチの色を変更すると、グローバルスウォッチが適用されているオブジェクトすべてに変更が反映される。鬼の顔を赤のグローバルスウォッチで設定し、濃度を変えているので、スウォッチ側の色を変えると自動で色が変わる

特色スウォッチ

「特色」とは、特別なインキやその指定方法のことを指します（特色は紙への印刷以外にも、たとえばプラスチック製品の色の指定にも使われます）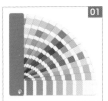。

一般的なカラーのオフセット印刷はCMYKのプロセスカラーと呼ばれる4色（4版）で構成されていますが、たとえば蛍光カラーやメタリックカラーなど、この4色では出せない色もあります。そこで、イ ンキメーカーの決めた配合で色を練った特色インキを使用して刷る場合があり、その番号や場所を指定するために必要なのが特色スウォッチです。

特色スウォッチ自体はグローバルスウォッチと特徴がほぼ同じですが、スウォッチライブラリ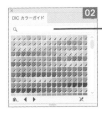を使ってインキメーカーが指定した番号をもとにスウォッチを呼び出すのが一般的です。

特色番号を入力

特色のカラーガイド
（イメージ）

・スウォッチパネルメニューの［スウォッチライブラリを開く］→［カラーブック］
・［スウォッチライブラリメニュー］→［カラーブック］
いずれかの方法で各社のスウォッチライブラリを選択（図は［DICカラーガイド］）

Memo ●●●●●●●●●●●●●●●

有料化されるPantoneの特色ライブラリ

特色として有名な企業の一つがPantone（パントン、パントーン）です。従来Pantoneライブラリがよく特色スウォッチとして利用されていますが、アドビ社とPantone社の契約内容の変更により、Pantone Connect Extensionという月額課金制の拡張機能を使用する必要があると予告されて います。今後拡張機能を使用しない場合、これまでPantoneを使用して作成した特色は黒く置き換わってしまうとのことで注意が必要です。
参考：Pantone カラーブック | Illustrator
https://helpx.adobe.com/jp/illustrator/kb/pantone-color-books-illustrator.html

パターンスウォッチと［パターンオプション］ダイアログ

パターンもスウォッチとして登録して使用できます。

パターンスウォッチを登録する場合、先に未編集状態の元となるパターンスウォッチを作成してから編集していく方法と、編集してからパターンスウォッチに登録する方法があります（どちらの方法でも問題ありません）。ここでは前者の例を紹介します。

①元になるオブジェクトをスウォッチにドラッグ
②パターンスウォッチをダブルクリックして［パターンオプション］ダイアログ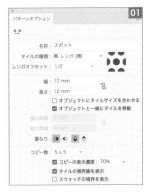で編集
パターンオプションのパネルからパターンを設定します。ドキュメント画面は、パターン編集モードとなります。色や形など、オブジェクト自体の変更も可能です。
③パターンの編集を終了
④［○完了］かescキー、あるいはなにもないところをダブルクリックしてパターンの編集を終了する

オブジェクトを選択してパターンスウォッチをクリックすると、そのオブジェクトにパターンが適用されます。

Chapter 1

15

スポイトツールを使いこなす

オブジェクトを選択してからスポイトツールを使うと、別のオブジェクトの色やスタイルなどを選択中のオブジェクトへ"落とす"ことができます。別のオブジェクトから見た目の要素がコピーできる便利なツールなので、すでに活用している方も多いと思いますが、スポイトツールは設定の見直しやキー操作を加えることでより柔軟性に富んだツールになります。

スポイトツールの基本操作

●カラーパネルなどに色を表示する●

対象となるオブジェクトを選択していない状態でスポイトツール 01 でオブジェクトをクリックすると、そのオブジェクトの塗りや線などの属性がツールバーやカラーパネルなどの塗りボックスと線ボックスに表示されます。

●オブジェクトAの色をオブジェクトBにコピーする●

はじめに適用したいオブジェクトBを選択してから、スポイトツールを選択し、コピーしたいオブジェクトAの色をクリックすると、塗りや線などの要素をBにドロップできます 02 。文字同士の場合は、文字のスタイル（大きさや色、フォントの種類）もドロップできます。

●ビットマップイメージの色を塗り／線に適用する●

Illustratorに配置された写真などのビットマップデータ（ラスターイメージ）の色をコピーするには、オブジェクトを選択してからスポイトツールを選択後、shiftキーを押しながら写真をクリックします。すると、クリックした部分の色がオブジェクトに移植されます。

●オブジェクトBの色をオブジェクトAにコピーする●

オブジェクトBを選択してからスポイトツールを選択し、option〔Alt〕キーを押しながらオブジェクトAをクリックすると、通常の挙動とは逆に、オブジェクトBの色をオブジェクトAへ移植できます 03 。スポイトのアイコンの表示が逆向きになったことを確認してからクリックしましょう。

●スポイトツールの適用範囲を設定する●

スポイトツールをダブルクリックするか、もしくはツールを選択中にreturn〔Enter〕キーを押すと、[スポイトツールオプション]ダイアログが表示されます 04 。初期状態では[アピアランス]のチェックが入っていないので、アピアランスが適用されているデータをコピーすることはできません。

[スポイトの抽出]の[アピアランス]にチェックを入れて[OK]を押すとアピアランスの塗りや線、効果などをコピーできるようになります。

ほかにも、文字スタイル（フォントや大きさなど）を変えずに色のみをスポイトでコピーしたいときには、[文字スタイル]をクリックして解除します。

スポイトツール

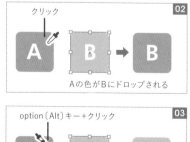

クリック

Aの色がBにドロップされる

option〔Alt〕キー＋クリック

Bの色がAにドロップされる

チェック

上書きせずにアピアランスを「追加」する

　オブジェクトBを選択してからスポイトツールを選択し、[スポイトツールオプション]ダイアログの[スポイトの抽出]と[スポイトの適用]の[アピアランス]にチェックを入れた状態で、shiftキーとoption〔Alt〕キーを押しながらオブジェクトAをクリックすると、元の塗りなどにアピアランスを追加する形で変更を加えられます。たとえば 01 の例で

は、元のBの塗りを残して下にAのアピアランスを追加しているので、元の塗りを維持した見た目になっています 02 03 。

　何度もオブジェクトAをクリックしていくと何重にも追加されてしまうので、アピアランスパネルを見ながら操作や調整をしていくとよいでしょう。

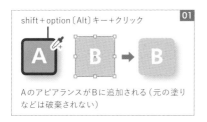

shift＋option〔Alt〕キー＋クリック

AのアピアランスがBに追加される（元の塗りなどは破棄されない）

通常のスポイト

追加したスポイト

クリックした部分の色を塗り／線に適用する

　スポイトツールでクリックしたオブジェクトに線が含まれている場合、塗りと一緒に線の色や太さがコピーされます。たとえばオブジェクトAの線の色をオブジェクトBの塗りに適用したい場合は、オブジェクトBを選択した後にツールバーの塗りの設定を選択し、スポイトツールでオブジェクトBの線の部分をshift＋クリックします 01 。

shift＋クリック

クリックした場所の色がBに塗りとしてドロップされる（線をクリックすると線の色が塗りとして適用される）

ドキュメントで作成したオブジェクト以外からカラーを取得する

●配置した写真の色をコピーする●

　配置された写真などのビットマップ画像の色をコピーする場合は、オブジェクトを選択した状態でスポイトツールを選択し、shiftキーを押しながら写真へドラッグします 01 。

●ワークスペース外の要素をコピーする●

　Illustrator上でオブジェクトを選択してからスポイトツールを選択し、shiftキーを押し続けながらワークスペースの外（アプリ外）へスポイトツールをドラッグし続けながら移動すると、画面外の色を取得できます。

Point

コピーがうまくいかない場合

コピーがうまくいかない場合は、スポイトツールオプションのスポイトの抽出で「アピアランス」のチェックを外してから作業を行います。

アピアランスの基本

「アピアランス」とは直訳すると、「見た目」や「外観」というような意味です。プロパティパネルには［アピアランス］というエリアがあり、塗りや線を設定できるので感覚として納得できる方も多いでしょう。ほかにも、アピアランスパネルを活用すると複雑な設定が可能になります。ここではその基本について触れていきます。

アピアランスのメリット

アピアランスを使うと、オブジェクトの非破壊編集ができるようになるため、やり直しや微調整などの変更に強いデータ作りができるようになります。

たとえば二重三重に色が重なる「袋文字」を作るには、同じ形のテキストオブジェクトを重ねてそれぞれ色や線の設定を変更するという方法があります 01 。ところがこの方法だと、文字に変更が加わったり色が変わったりすると、両方のオブジェク

トを編集する必要があるため時間がかかりますし、ミスに繋がりやすくなります 02 。

アピアランスを活用すると、元のパス（文字）の実体はひとつだけの状態で、塗りや線を多重にかけられるので、あとからの修正が楽になります。また、［効果］と併用することで大胆な変形が可能になるので、より柔軟性に富んだ表現ができるようになります。

テキストオブジェクトを重ねて袋文字を表現

3重の文字をすべて変更するのは面倒

アピアランスパネル

オブジェクトを選択してアピアランスパネル（［ウィンドウ］メニュー→［アピアランス］）を表示すると、そのオブジェクトの塗りや線などの属性が表示されます 01 。

アピアランスパネルの塗りや線のボックスをクリッ

クすると、スウォッチが表示されます 02 。スウォッチに登録されている色を使う場合はそのまま利用します。shift＋クリックするとドキュメントのカラーモードと同じカラーパネルが開きます 03 。

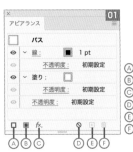

Ⓐ 新規線を追加
Ⓑ 新規塗りを追加
Ⓒ 新規効果を追加
Ⓓ アピアランスを消去
Ⓔ 選択した項目を複製
Ⓕ 選択した項目を削除

クリック

shift＋クリック

アピアランスの基本操作

●文字に色をつける●

アピアランスパネルで「塗り」や「線」を操作する手順を確認します。

①文字を入力する

文字ツールで文字を入力し、文字サイズやフォントを決めます。

②[塗り]と[線]を[なし]にする

通常の[塗り]や[線]で設定する文字属性のアピアランスと、以下で作成するアピアランスとの混同を避けるため、いったん[塗り]を[なし]にします。

③新規塗りを追加する

[新規塗りを追加]で塗りを設定し、文字に色をつけます 01 ③。

④新規線を追加する

アピアランスパネルで[なし]になっている線をクリックするか、下部の[新規線を追加]から文字に線をつけます。「線」のテキストをクリックして展開して線の太さを設定します 01 ④。線の設定ができたら、ドラッグ操作で[文字]や[塗り]の下に線が来るようにし、太さを再度調整します。

⑤線を複製する

④の線を選択して、アピアランスパネル下部の[選択した項目を複製]をクリックして複製します 02 ⑤。

⑥線の色と太さを別々にする

⑤で複製した線の太さを、④の線より太くし、色を変更すると二重の袋文字の完成です 02 ⑥。

●円に効果をかける●

「効果」のかけ方、確認方法は次の通りです。

①円を描く

楕円形ツールでshift+ドラッグして正円を描き、塗りを設定します。

②[効果]メニューの[ワープ]から[膨張]を選択

[ワープオプション]ダイアログの[カーブ]を−30%程度にすると、円が変形してスクワークル状（円と四角の中間の形）になります 03 ②。

③アピアランスパネルを確認する

アピアランスには②の「効果」が設定されており、ダブルクリックするとこれを編集できます 03 ③。

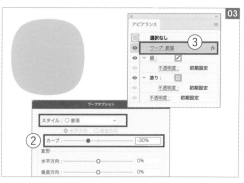

Chapter 1

塗りや線に効果をかける

前ページ「円に効果をかける」の例ではオブジェクト全体に[効果]をかけていますが、個別にかけることも可能です。

①円を描く

楕円形ツールでshift+ドラッグして正円を描き、塗りと線を設定しておきます。

②線に[ラフ]を追加

アピアランスで[線]を選択し、[効果]メニューの[パスの変形]から[ラフ]を選択します 01 ②。

③同じ線に[移動]を追加

[効果]メニューの[パスの変形]から[変形]を選択して変形効果を追加します。[移動]の[水平方向]と[垂直方向]のスライダーをそれぞれ少し操作します 01 ③。

④線の[不透明度]から描画モードを変更

アピアランスの線の[不透明度]をクリックし、描画モードを[乗算]に変更します 01 ④。

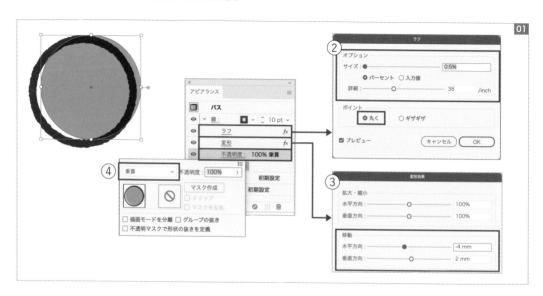

アピアランスの複製とグラフィックスタイルパネル

一度作ったアピアランスを別のオブジェクトに対して適用したい場合、以下の3つの方法があります。

●スポイトツールでコピーする●

はじめにあらかじめスポイトツールをダブルクリックして、「アピアランス」にチェックを入れておきます。

アピアランスをペーストしたいオブジェクトを選択し、コピー元のオブジェクトをクリックします。

●アピアランスパネルのサムネールをドラッグ●

コピー元のオブジェクトを選択してアピアランスパネルを確認し、サムネール（小さい画像）をペーストしたいオブジェクトへドラッグし、同じアピアランンスを適用します。

●グラフィックスタイルパネル（[ウィンドウ]メニュー→[グラフィックスタイル]）を使用する●

コピー元のオブジェクトを選択してグラフィックスタイルパネルへドラッグすると、オブジェクトのアピアランスがグラフィックスタイルとして登録されます。

登録されたグラフィックスタイル（アピアランス）は、スウォッチと同じように使用できます。オブジェクトを選択中にグラフィックスタイルをクリックすると、グラフィックスタイルがオブジェクトへ適用されます。

17 保存とデータの書き出し

仕事で作成しているAIデータは、最終的には別のIllustratorユーザへ渡す、あるいはデータをPDFやWebサイト向けに書き出して利用する場合が多いでしょう。ここでは、別のユーザへネイティブデータ（AIファイル）を渡すときの方法や、書き出しについて取り上げます。

［別名で保存］と［複製を保存］

［ファイル］メニューを使った保存方法には［別名で保存］と［複製を保存］という似た機能があります。両者の違いを理解しておきましょう。

●別名で保存する●
［ファイル］メニュー→［別名で保存］

［別名で保存］を選択すると、その別名で保存したデータが開かれます（元のファイルは存在しますが、閉じられます）。見た目は同じなので、そのまま作業を継続することがよくありますが、元データにはその編集結果が反映されない点には注意が必要です。

よく起こりがちなミスとしては、「別名で保存」で入稿用のPDFを作成し、その後（データを閉じずに）IllustratorでPDFの編集作業を続けてしまった

ため、元の「コンサート.ai」にはその編集内容が反映されず、トラブルになるというケースです（PDFの設定によっては再度Illustratorで開くことができなくなるため、その場合は事態がより深刻化します）**01**。

●複製を保存する●
［ファイル］メニュー→［複製を保存］

［複製を保存］は、元のデータは閉じずに、別の場所にデータを保存しておく保存方法です。

PDF入稿の場合、作業の最後に［複製を保存］を選択してPDFを書き出す、というルールにし、さらに一度PDFにしたデータをIllustratorで編集するのはNGとしておくのがよいでしょう。

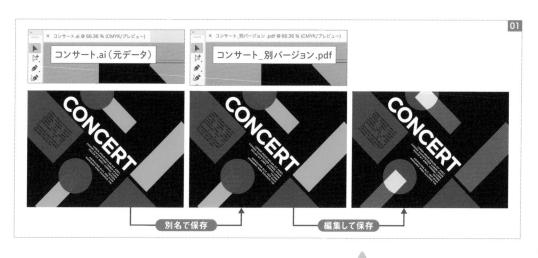

コンサート.ai（元データ）　コンサート_別バージョン.pdf

別名で保存　　編集して保存

> **トラブルの具体例** ⚠ **Attention**
>
> たとえば定期的に印刷するような印刷物の入稿作業を急ぐあまり、「別名で保存」した入稿用データのほうだけを修正してしまい、後日「元データ」を使って別の号を作ったときに修正が反映されていない、といった事故は残念ながらよく聞かれるものです。

印刷会社への入稿方法

データを外部へ入稿する場合は3つの選択肢があります。また、Illustratorのネイティブデータ（AIデータ）を印刷会社へ入稿する場合、大きく分けて2つの選択肢があります。

●①PDFを作成する●

［別名で保存］や［複製を保存］を選択すると、拡張子にPDFが表示されるのでこれを選択します。書き出しの設定を間違えなければ、フォントのアウトライン化や画像のリンク切れの確認などの手間を減らせます。現在スタンダードな入稿方法です。印刷物としての入稿以外にも、Illustratorを持たない方へのデータ提出や、たとえばコンビニエンスストアでのプリントサービスなどでも利用できます。

手順1）複製を保存（別名で保存）を選択
手順2）PDFを選択
手順3）［Adobe PDFを保存］ダイアログで「準拠する規格」を［PDF/X-4］を設定 **01**

PDF-X4は印刷向けの一般的なPDFの規格ですが、X4以外のプリセットを推奨している印刷サービスもあるので入稿先への確認が必要です。X4は入稿適性があり、高画質のためPDFのデータ容量も大きくなりがちです。メール添付やコンビニエンスストアでのプリントサービスの利用の場合は［Adobe PDFプリセット］を［最小ファイルサイズ］に変更します。

●②画像をすべて埋め込んだAIデータを作成する●

画像が配置されているデータの場合、リンクになっている画像を一緒に添付する必要があります。リンクではなく埋め込みにするとAIファイルのみで

の入稿が可能ですが、画像データの数や容量に応じてAIファイルのデータ容量も大きくなってしまうので注意が必要です。

手順1）［別名で保存］で別のデータを作成する
手順2）リンク画像を選択し、リンクパネルのメニューから［画像を埋め込み］を選択して、ドキュメントに埋め込む **02**
手順3）［書式］メニューの［アウトラインを作成］ですべてのテキストオブジェクトをアウトラインに変換する

文字のアウトラインを作成する場合は、オブジェクトやレイヤーのロックをすべて解除してからアウトラインを実行します。

●③画像をリンクする・パッケージを作成する●

リンク画像のままで入稿すると、AIデータが軽くて済んだり、入稿後の微調整のために画像を修正できたりするので便利です。リンク画像での入稿の場合は、配置されている画像をすべてAIデータと同梱するのはもちろん、フォルダ名や階層が一致している必要があります。「パッケージ」を作成すると、リンクされている画像とAIファイルが自動でひとつのフォルダに複製されます **03**。フォントに関しては必要に応じてアウトライン化が必要になります。

手順1）［ファイル］メニューから［パッケージ］を選択
手順2）パッケージが作成される **04**
手順3）作成されたフォルダの中にあるAIドキュメントを開き、文字をアウトライン化して保存する

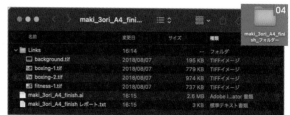

JPGやPNGで書き出す

WebサイトやSNS用に画像を利用するときは、一般にJPGやPNGといった拡張子に変換します（書き出す）。書き出す方法はいくつかありますが、書き出したい部分によって使い分けます。

● アートボード全体をJPGやPNGにする ●

［ファイル］メニュー→［書き出し］→［書き出し形式］
［ファイル］メニュー→［書き出し］→［スクリーン用に書き出し］ 01

［書き出し形式］は、別名保存と似たUIのダイアログで任意のアートボードを手軽に書き出すことができます。PNGの場合は背景を透明にするかどうかをダイアログで指定できます 02。

［スクリーン用に書き出し］ダイアログでは縮小倍率などより細かい設定が可能です。また、後述する「アセットの書き出し」に登録されたオブジェクトを書き出すこともできます。

● オブジェクトやパーツ単位でJPGやPNGにする ●

パーツをアセットの書き出しパネル（［ウィンドウ］→［アセットの書き出し］）へ登録すると任意のオブジェクトやパーツをパネルもしくは［スクリーン用に書き出し］ダイアログから書き出すことができます。

アセットの書き出しパネルを表示したら、書き出ししたいオブジェクトをパネルへドラッグするか、オブジェクトを選択して［選択範囲から単一のアセットを生成］ボタン⊞をクリックします 03。

グループ化されていない複数のオブジェクトを同時にドラッグすると、オブジェクトがバラバラに登録されるので、ひとつのパーツとして書き出したい場合には、あらかじめグループ化しておくか、option〔Alt〕キーを押しながらドラッグします。

オブジェクトのサムネールをクリックして選択し、拡張子を選択したら［書き出し］ボタンをクリックして書き出します。もしくは［ファイル］メニューの［書き出し］から［スクリーン用に書き出し］を選択して、［スクリーン用に書き出し］ダイアログの［アセット］から書き出すこともできます 04。

アセットとして登録したオブジェクトは、アートボード上で色や形を編集すると、アセットにもその変更が反映されます。すでに書き出したJPGやPNGなどにはこの変更は反映されないので、変更があった場合は再度書き出して上書きします。

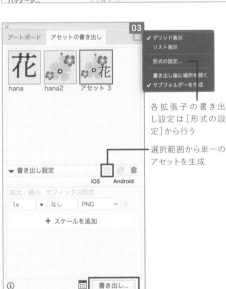

各拡張子の書き出し設定は［形式の設定］から行う

選択範囲から単一のアセットを生成

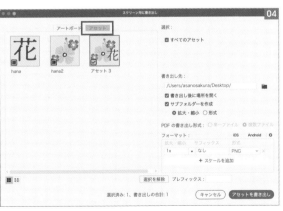

SVGで書き出す

近年、WebサイトではロゴなどのベクターデータをWebブラウザで表示できる「SVG（Scalable Vector Graphics）」形式で書き出して利用するケースが増えてきました。SVGはxmlベースのコードでできており、このコードをエディタで編集して動きをつけたり、カラーコードで色を変化させるといった加工も可能になります。ここでは2つの保存方法を紹介します。

● ドキュメントをSVG形式で書き出す ●

［ファイル］メニューの［別名で保存］（もしくは［複製を保存］）で表示されるダイアログで［ファイルの種類］から「SVG」を選択して［保存］をクリックします。

［SVGオプション］ダイアログが表示されたら、［詳細オプション］ボタンをクリックしてオプションを開きます。［レスポンシブ］にチェックを入れて［OK］をクリックして、任意の場所へ保存します。

「レスポンシブ」を有効にすると、ブラウザの幅やHTML、CSSでの制御によってサイズが変わるデータになります。

● アセットをSVG形式で書き出す ●

書き出したコード 01 にはレイヤー名などが含まれるので、よりシンプルなコードにするためには、余分なパスを削除したり、レイヤーの数を減らしたり、アートボードのサイズをオブジェクトのサイズに合わせる（［オブジェクト］メニュー→［アートボード］→［オブジェクト全体に合わせる］）02 などの工夫をするとよいでしょう。

レスポンシブの設定は、アセットの書き出しパネルのパネルメニューの［形式の設定］で行います。表示されるダイアログの左欄から［SVG］を選択し、右欄で［レスポンシブ］にチェックを入れます。

データ容量という点で言うと、SVGファイルにはビットマップ画像などは埋め込まないようにしましょう。また、フォントについては特に意図がなければ原則アウトライン化してからSVG化しておくほうがよいでしょう 03 。

SVGファイルのコード

アートボードをオブジェクトサイズに合わせる

ブラウザで表示

> ## Memo
>
> ### 使われなくなった書き出し
>
> 「スライス」はWeb向けのパーツを切り出す機能としてかつて重宝された機能です。P.239のようなLPを除くと、Webサイトのデザインをillustratorで行うケースが少なくなっているため、本来の用途で使われることも減ってきました。例外として、たとえばInstagramの連続投稿などで見られるような、1枚のイラストを数枚に分割したい場合などには便利です。スライスツールでドラッグして分割し、［ファイル］→［書き出し］→［Web用に保存（従来）］を選択します。
>
>
> スライスツールで分割

デザインパーツの作成

chapter 2

01

背景のパターンを作成する

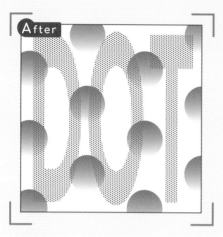

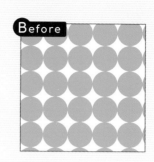

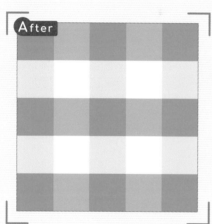

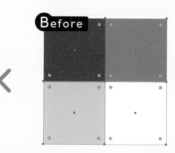

図形が規則的に並ぶパターンでさまざまなイメージを表現してみましょう。Illustratorでは、パターンの元となる図形の形状を自由に作成し、図形の間隔、サイズ、角度などを自在に設定できます。もとのオブジェクトやスウォッチをアレンジすることで、色変えのバリエーションなども簡単に作れます。

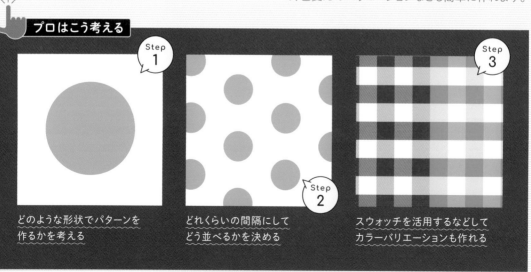

プロはこう考える

Step 1
どのような形状でパターンを作るかを考える

Step 2
どれくらいの間隔にしてどう並べるかを決める

Step 3
スウォッチを活用するなどしてカラーバリエーションも作れる

パターンの作例①：タイル機能を使ったパターン

01 パターンのもとになる図形を作ります。楕円形ツールを選択し **01**、shiftキーを押しながらドラッグして、正円を作成しました **02**。作成した図形をスウォッチパネルへドラッグ&ドロップしてパターンを作成します **03**。

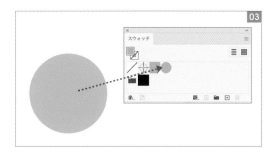

02 正方形を作成し、作成したパターンを塗りに適用します **01**。スウォッチパネルのアイコンをダブルクリックして **02**、パターン編集モードに入ります **03**。[パターンオプション]ダイアログが表示されます **04**。

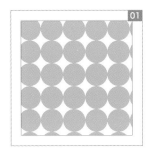

スウォッチパネルの
パターンをダブルク
リック

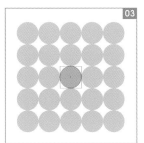

03 [パターンオプション]ダイアログの「タイルの種類」を[六角形（縦）]に変更します。[オブジェクトにタイルサイズを合わせる]をチェックし、[横の間隔][縦の間隔]を170pxに設定しました **01** **02**。正方形のパターンに変更が反映されます **03**。

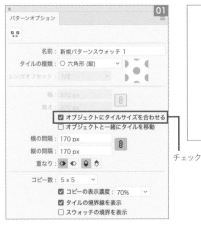

チェック

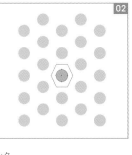

デザインパーツの作成

Chapter 2

·04·

パターン編集モードで元のオブジェクトの色や形を変えれば、パターンにも反映されます。下図は色をピンクのグラデーションに変更しています。

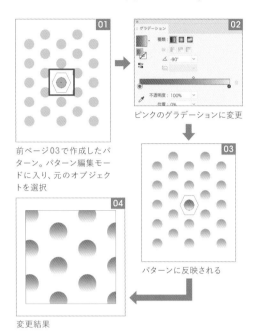

前ページ03で作成したパターン。パターン編集モードに入り、元のオブジェクトを選択

ピンクのグラデーションに変更

パターンに反映される

変更結果

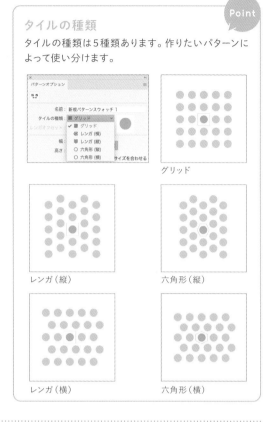

タイルの種類 Point

タイルの種類は5種類あります。作りたいパターンによって使い分けます。

グリッド

レンガ(縦)

六角形(縦)

レンガ(横)

六角形(横)

·05·

04で作成したパターンをもとに、青いドットパターンも作成しました 01 〜 05 。

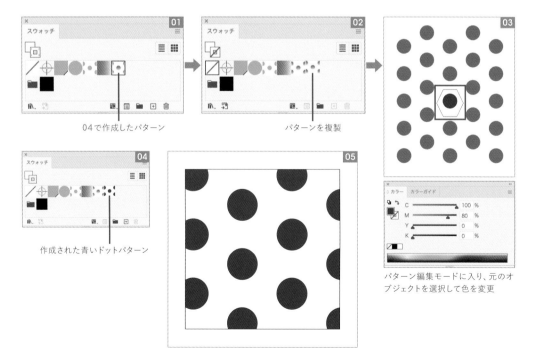

04で作成したパターン

パターンを複製

作成された青いドットパターン

パターン編集モードに入り、元のオブジェクトを選択して色を変更

06

パターンを縮小してスクリーントーンのような見え方にします。正方形を選択し、[オブジェクト] メニューの[変形]から[拡大・縮小]を選択して、[拡大・縮小]ダイアログを表示します。

パターンのみ縮小／拡大されるように[オブジェクトの変形]のチェックを外します。
[縦横比を固定]に3%と入力して[OK]をクリックします 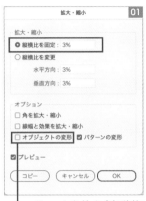 。

└─ チェックを外す（自動的に右側の[パターンの変形]にチェックが入る）

07

文字の塗りに青いドットパターンを設定し、同じようにパターンのみ縮小しました。
ピンクのドットパターンと組み合わせて完成です **01**。

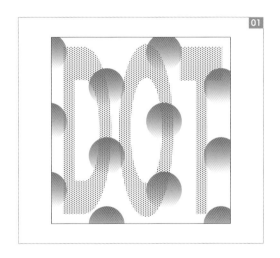

パターンの作例②：ギンガムチェックを作る

01

長方形ツールで一辺200pxの正方形を作成します **01**。塗りに色をつけ **02** **03**、その色をスウォッチに登録しておきます **04** **05**。

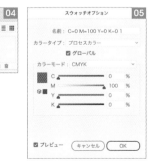

一辺200pxの正方形を作成

02 正方形をコピーして、隙間なく4つ並んだ状態にします。
まず、正方形を選択して、[オブジェクト]メニューの[変形]から[移動]を選択します。[移動]ダイアログの[水平方向]に正方形と同じサイズを指定して[コピー]をクリックします 01 。これで2つ

の正方形が横方向に並びます 02 。
次に、この2つの正方形を複数選択して、同じく[移動]で、[垂直方向]に正方形と同じサイズを指定し、[コピー]をクリックします 03 。これで縦横2個づつ計4個の正方形が隙間なく並ぶ図形が作成できました 04 。

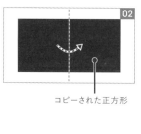

コピーされた正方形

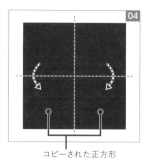

コピーされた正方形

03 4つの正方形それぞれの塗りを同じスウォッチの違う濃度にします。左上100%/右上70%/左下30%/右下0%（白）に設定しました 01 ～ 04 。

4つの正方形すべてを選択し 05 、スウォッチパネルへドラッグし、パターンを作成します 06 。

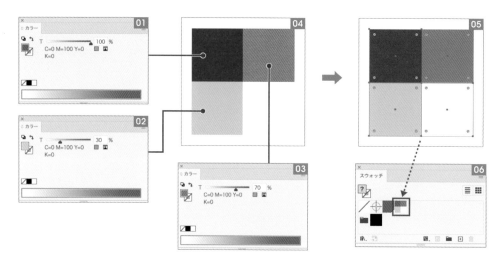

·04·

新しい正方形を作成し、塗りに作成したパターンを適用します 01 。
最初に作成したスウォッチの色を変更すると 02 03 、チェックの色すべてを変更することができます 04 。

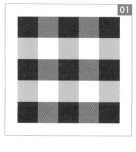
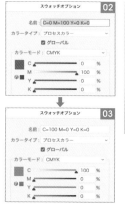
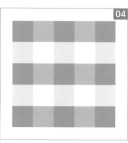

02 飾り罫線を作成する

After

HAPPY WEDDING DAY

Before

ワープロやプレゼン用のアプリのテンプレートによくある飾り罫ですが、ここではIllustratorならではの機能を使って、オリジナルの飾り罫を作成してみましょう。鉛筆ツールで短い曲線をいくつか描いてつなげていきます。各曲線のサイズを変えたり、回転したり、先端に円をつけたりして、蔓のようなイメージを表現します。また、線の交差部分に白を入れて前後感を出しています。
エレガントなイメージのフォントで文字を入れて完成です。

プロはこう考える

Step 1

Step 2

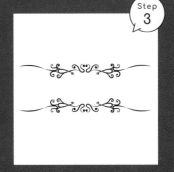

Step 3

鉛筆ツールで有機的なラインを描画して調整する

曲線の先端に円を配置してやわらかなイメージに

反転+コピーしてシンメトリックに仕上げる

曲線を描く

01 まず、鉛筆ツール **01** を用いて有機的な短い曲線を描きます。ここでは、線パネル下部にある [プロファイル] から両端が狭く尖った [線幅プロファイル1] を選択しました。線幅は4ptに設定しています **02**。

左に植物が伸びていくイメージで短い曲線を増やしていきます。あまり湾曲させず、飾り罫線として、左右に伸びる完成図を頭の中でイメージしています **03** **04**。

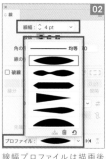

線幅プロファイルは描画後に適用する

線を調整する

·01·

ひとつ作った曲線を、回転 **01**、コピーして別の曲線の根元に繋げることで、蔓が伸びていくようなイメージです。サイズも拡大／縮小したり、変化をつけると表情が豊かになります **02**（回転、拡大／縮小については「1-10 移動と変形（拡大と縮小・回転・反転）」参照）。

·02·

ダイレクト選択ツール **01** を用いて、曲線の根本を自然な曲線にアンカーポイントで調整しています。
あくまでも伸びて成長するイメージで美しい曲線を目指しています **02**。

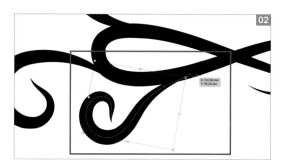

·03·

適当なところで、ハサミツール 01 で
クリックすると、途切れたところの線
幅が細くなって尖ります。
これによって、線に抑揚とリズムが生
まれます 02 。

·04·

白い色の図形を作って 01 02 、線の
交わる部分に配置することでヌケ感
が演出できます。
線の交差する箇所を白い図形で線の
ように抜いたため、前後の空間が生
まれました 03 。
ロゴタイプや罫線などにも使えるテ
クニックです。

 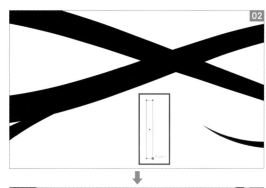

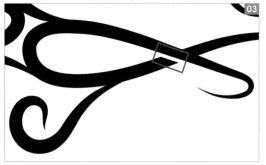

円を配置する

·01·

楕円形ツール 01 を使って曲線の先
端の丸まった先を描画して配置して
います。
曲線と円の外径が合うように配置す
るのがコツです 02 。

 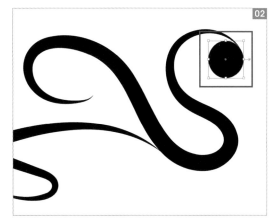

Chapter 2

·02·

円を数個用意して、曲線の先端につけていきます。円のサイズも大中小3種類くらい用意するとよいでしょう。

フリーハンドで描いているので、自然な曲線で円に繋がるようにダイレクト選択ツールとアンカーポイントで調整していきます 01 。

飾り罫線をコピー反転する

·01·

左側の飾り罫線ができたので、リフレクトツール 01 で垂直軸をもとに反転コピーします 02 。中心にハート型ができるような有機的な美しい曲線ができました 03 。

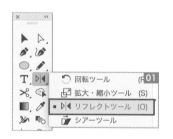

·02·

最後にリフレクトツールで水平軸をもとにコピー反転させると 01 、上下に囲むようなフレームが完成します。上下中央にエレガントなフォント（ここではAcademy Engraved）02 でメッセージを添えて完成です 03 。

03 ロゴ文字を作成する

After

STAR

Before

STAR

ロゴの文字「STAR」から連想される宇宙的なイメージとスピード感を表現しています。文字上部には回転／反転を使って星を規則的に配列しています。文字は、フォントのデザインそのままではなく、白色の図形を利用してスペースを効果的に使って加工しています。

👆 **プロはこう考える**

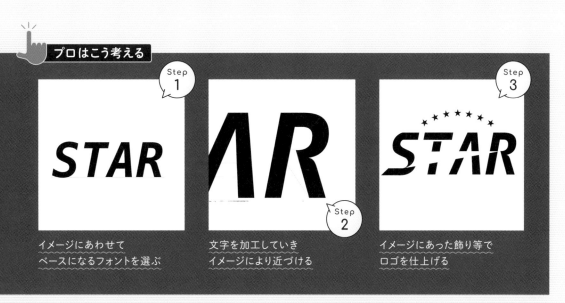

Step 1
STAR
イメージにあわせて
ベースになるフォントを選ぶ

Step 2
AR
文字を加工していき
イメージにより近づける

Step 3
STAR
イメージにあった飾り等で
ロゴを仕上げる

文字の書式を設定する

01 まず、ロゴのイメージにあったフォントを選びます。ここでは、宇宙的なイメージをもつロゴを作成するため、「Menlo」を選びました **01**。[フォントサイズ]を160ptと入力し、「S」と「T」、「T」と「A」の文字間をすこし詰めてバランスを調整しています **02**。Windowsで同じフォントを使用したい場合は、サンプルデータの「STAR.ai」（アウトライン化済み）を利用してください。

文字を加工する①

01 英文字をそのまま扱うのでなく、重さを取り除き、文字と文字の間に空気を通すようなイメージにします。
文字の一部分を削ってもそれと視認できるような箇所を抜いていきます。抜きたい部分の上に、白い色の図形を配置して隠し、ヌケ感を演出します。このとき同じ図形を使うなどして、削る幅や間隔を同じにすることが多いです **01** **02**。
次に、選択ツールで文字をクリックして選択し、[書式]メニューから[アウトラインを作成]を選択して、アウトライン化します。アウトライン化した図形と、ヌケ感を出すための白色の図形をすべて選択し、パスファインダーパネルの[前面オブジェクトで型抜き]をクリックします **03**。

消したい部分に上から白色の図形を描く。ここではペンツールを用いている

イメージにあったアクセントをつける

・01・

英文字で構成されたロゴタイプの中に、モチーフや絵柄を挿入・配置する手法は、ロゴをひきたたせるテクニックのひとつです。
ここではテーマやイメージにあったスピード感を出すために、文字上に鋭角的な図形を大胆に配置します **01**。

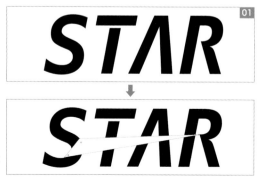

スピード感を表現する鋭角的な図形を描く。ここではペンツールを用いている

·02·

オブジェクトをただ配置するだけでなく、イメージに沿った形状を考えることがポイントです。

星が流れるようなイメージを作りたいので、点に集約する始まりの部分をS字のカーブに合わせてアンカーポイントを使って曲線を生み出します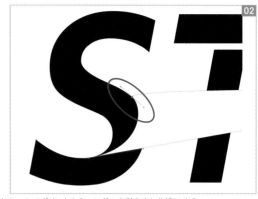

アンカーポイントツールでポイントからハンドルを引き出し曲線にする

·03·

ネーミングにあったモチーフ「星」を、アクセントとして、ロゴマーク上部に配置します。

ロゴ制作においては、相似形のモチーフを繰り返し展開することがあります。まず、「STAR」の上方中央あたりに星をひとつ配置し、回転ツールで右側に円弧状にコピーしていきます 〜

②［角度］を「−11.5」にして［コピー］をクリック

③変形の繰り返し（command〔Ctrl〕+D）であと2つ作成

①星の図形を選択して回転ツールでここをoption〔Alt〕+クリック

04

作成した星を反転コピーします。前述03の回転コピーした星を選択し、リフレクトツール で中心の星の中央 をoption〔Alt〕+クリックします。［リフレクト］ダイアログが表示されたら、［リフレクトの軸］を［垂直］にして、［コピー］をクリックします 。

中心の星を通る垂直軸を基準にして反転コピーさせることで7つの星が配列されました 。5つ星でもいいですが、ここではラッキー7の7つに配置しています。

option〔Alt〕+クリック

コピー反転

文字を加工する②

01 Sの文字を加工します。ロゴとその周辺の余白（図と地）の関係を考えながら、Tの文字に合わせて整えていきます 。
Sの上下のハネは白い図形を重ねて隠し、曲線から水平の直線を持つSに作り替えます 。
Sの始筆の角度は、Tの角度に合うように黒い図形を配置して揃えています 。

Sの終筆部分は三角形に合わせて傾斜角度を大きめにしています。
こうすることによって、Sの文字により水平方向の流れが生まれ、ユニークな形状になります。
また、直線からの曲がりを自然にするために黒色の三角形を配置しアンカーポイントツールを使いながら一辺をなだらかな曲線にしています 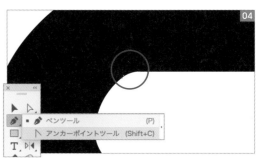。

仕上げ

・01・

上記「文字を加工する②」01 01 の白い図形群（青い線で選択されている）を1文字ずつ型抜きし、最後にすべて選択して合体します。01 02。宇宙的・普遍的・躍動感・可能性・テクニカル、そのようなイメージをあわせもつロゴを生み出すことができました。

合体　前面オブジェクトで型抜き

04

3Dグラフを作成する

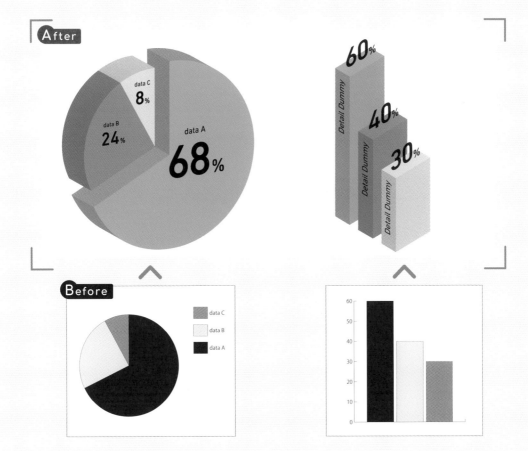

After

data C 8%

data B 24%

data A **68%**

60%

40%

30%

Detail Dummy

Detail Dummy

Detail Dummy

Before

Illustratorにはデータと連動するグラフ機能が用意されています。[グラフデータ]ウィンドウで値を入力・変更すれば、それに応じてグラフが再描画されます。配色や文字の書式も設定できますが、より視覚効果を高めるには、[グラフデータ]ウィンドウとの連動機能を破棄して、通常のグラフィックに変換します。配色、3D化、部分的な拡大・縮小など、グラフィックとして自在に変形できます。

プロはこう考える

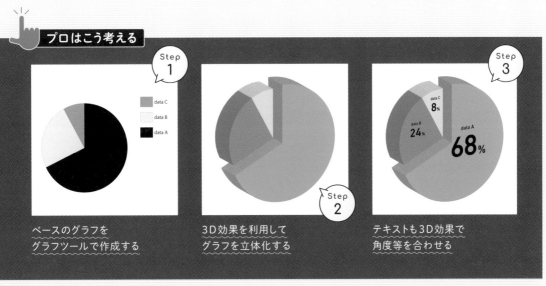

Step 1
ベースのグラフを
グラフツールで作成する

Step 2
3D効果を利用して
グラフを立体化する

Step 3
テキストも3D効果で
角度等を合わせる

3D円グラフの作成例

01
グラフを配置します。ツールバーのグラフツールを長押しすると、作成できるグラフの種類が表示されます **01**。円グラフツールを選択してから、ド

ラッグして円グラフを描きます **02**。
ドラッグ後は［グラフデータ］ウィンドウが自動的に開きます **03**。

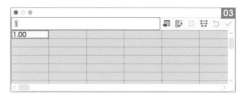

·02·

［グラフデータ］ウィンドウにデータを入力します。チェックマーク☑をクリックするとグラフが更新され、凡例が作成されます **01** **02**。データの名前なしで数値だけでも大丈夫です。

データの入力・変更を反映するチェックマーク

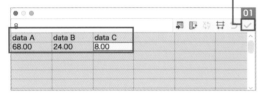

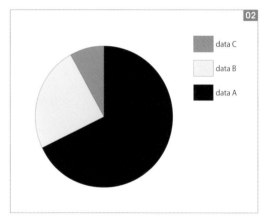

·03·

グラフの各部を編集可能なシェイプに変換します。［グラフデータ］ウィンドウを閉じて、［オブジェクト］メニューから［グループ解除］を選択します。アラートが表示されますが、ここでは［はい］をクリックします **01**。複数のグループがすべて解除されるまで［グループ解除］を実行してバラバラにします。［グループ解除］のショートカットshift＋command〔Ctrl〕＋Gキーを押し続けていると、グループが解除されていくので、二重三重にグループ化されたオブジェクト群を一括でバラせます。
グループ解除後、必要であれば、不要なオブジェクトを削除しておきます。

グラフのグループ解除
シェイプに変換した後は、データを変更できなくなるので、変更前のグラフデータをアートボード外などにコピーしておくとよいでしょう。

·04·

[線]のカラーはすべて[なし]に変更します。[塗り]は各パーツごとに色を設定します 。このとき、使用するカラーをスウォッチに登録しておくと、あとで色を変更するときに一括で変更できるので便利です  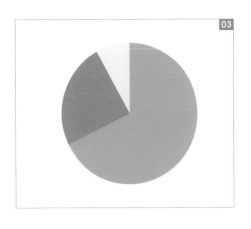。

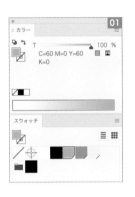

05

グラフを3D化し、立体効果を設定します。個々の扇形ではなく、円グラフ全体を3D化するので、まず、選択ツールで円グラフ全体を選択し、[オブジェクト]メニューから[グループ]を選択して、円グラフ全体をグループ化します。

次に、[効果]メニューの[3Dとマテリアル]の[3D(クラシック)]から[押し出しとベベル(クラシック)]を選択し、[3D押し出しとベベルオプション(クラシック)]ダイアログを表示します。[詳細オプション]をクリックしてオプションをひろげます。

グラフに立体感を加えます。ここでは[位置]から[オフアクシス法―前面]を選択しました。

[押し出しの奥行き]はグラフの大きさによりますが、ここでは180ptに設定しています。

「環境光」のデフォルトは50%ですが、3D化すると色が暗くなる傾向があるので、デフォルトより少し数値を上げて70%としています 。

[OK]をクリックすると3D化されます。扇形は、ダイレクト選択ツールで個別に編集できます。一番大きい扇形の位置をずらし、気持ち大きくすることで強調しました 。

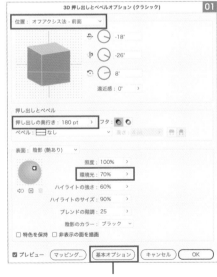

[詳細オプション]/[基本オプション]の切り替え
(図は詳細オプションを表示した状態)

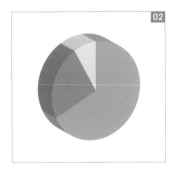

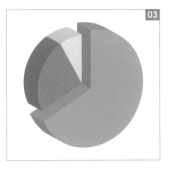

Chapter 2

·06·

データ値などのテキストを入れていきます **01**。入力後、グラフと同じ3D効果を割り当てます **02**。
「押し出しの奥行き」だけ「0」に変更しました **03**。

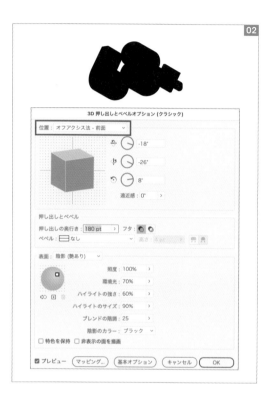

·07·

各扇形に対応する項目名、データ値を入力して完成です。図では扇形の大きさに合わせて、文字サイズを縮小しています **01**。

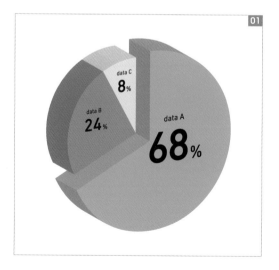

3D棒グラフの作成例

·01·

次に、棒グラフを作成してみます。作成方法は円グラフと同様です。棒グラフツールを選択してから、ドラッグして棒グラフを描きます 01 02 。

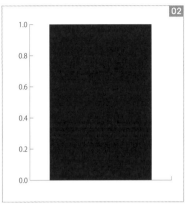

·02·

[グラフデータ]ウィンドウにデータを入力し、チェックマーク☑をクリックして、グラフを更新します 01 02 。

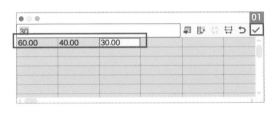

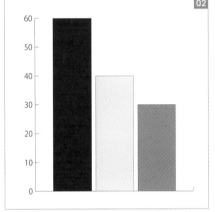

·03·

円グラフのときと同様に、グラフをグループ解除して各部を編集可能なシェイプに変換して、棒ごとに色分けします。
[グラフデータ]ウィンドウを閉じて、[オブジェクト]メニューから[グループ解除]を選択し、アラートで[はい]をクリックします 01 。
複数のグループがすべて解除されるまで[グループ解除]を実行してバラバラにします。ショートカットshift＋command〔Control〕＋Gキーを押し続けると、グループ化されたオブジェクト群を手早くバラせます。
グループ解除後、不要なオブジェクトを削除しておきます。ここでは、目盛り軸や数値目盛りを削除しています 02 。

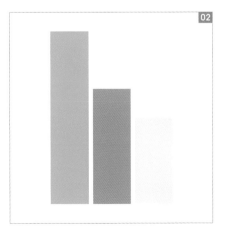

04　グラフを3D化します。まず、選択ツールで棒グラフ全体を選択し、[オブジェクト]メニューの[グループ]でグループ化します。
　[効果]メニューの[3Dとマテリアル]の[3D(クラシック)]から[押し出しとベベル(クラシック)]を選択し、[3D押し出しとベベルオプション(クラシック)]ダイアログを表示します。[詳細オプショ

ン]をクリックしてオプションをひろげます。
ここでは[位置]から[アイソメトリック法—左面]を選択しました 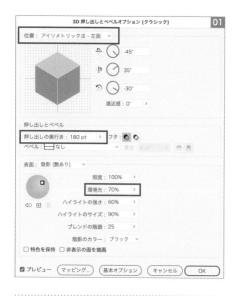。
円グラフと同様に[押し出しの奥行き]は180pt、「環境光」を70%として、[OK]をクリックします。
縦棒が3D化されます 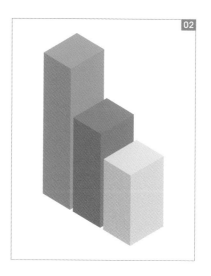。

·05·

3D化した状態を見ながら、グラフの幅・間隔を調整しました 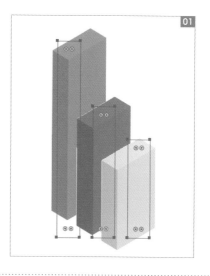。グループ化したまま、ダイレクト選択ツールでパスセグメントをshiftキーを押しながらドラッグすると、縦棒の幅を変更できます。また、ダイレクト選択ツールで縦棒内部をshift+ドラッグすれば縦棒を移動できます。いずれもshiftキーを押しながら操作することによって、3Dの形状を保ったまま変形・移動できます。

06　数値などのテキストを、グラフの見た目に合うように入れました。グラフに適用した3D効果がプリセット[アイソメトリック法—左面]なので、テキストも[アイソメトリック法—○○]を適用すれば、

グラフのパースにあう文字の変形になります 01 〜 07 。
ここでは[押し出しの奥行き]を0ptとしています。

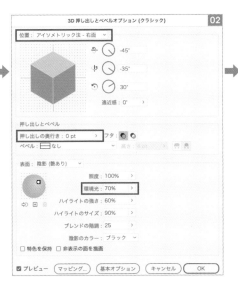

［位置］:［アイソメトリック法―右面］
［押し出しの奥行き］:0pt
「環境光」:70%

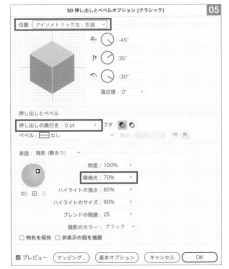

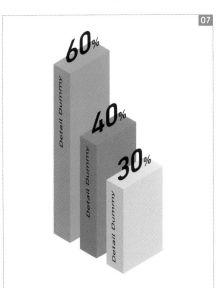

［位置］:［アイソメトリック法―左面］
［押し出しの奥行き］:0pt
「環境光」:70%

05

ロゴマークを作る

筆者がロゴマークを作る際に心がけているのは、イメージの伝わりやすさ、目を惹きつけるキャッチーさです。テイストを決めるのもよいと思います。今回は『ファンシーポップ』テイストをテーマにして、キュートなキャラクターのマークに手描きを元にして作ったモコモコのロゴを作りました。ピンクとブルーの2色のパステル系のカラーで構成しています。

Before

プロはこう考える

Step 1
トレースしやすいように
下絵を薄くして配置する

Step 2
鉛筆ツールで下絵をベースに
書いていき線に抑揚をつける

Step 3
バランスを見ながら
数種類バリエーションを作る

ラフを描いてIllustratorに取り込む

·01·

まず、綿雲をイメージしたモコモコの文字、綿菓子のようなフワフワの犬か羊のようなキャラクターのラフを描いてみました 。

手描きの絵をスキャンして取り込んだ

02

ラフの絵をIllustratorのドキュメントに下絵として配置します。
[ファイル]メニューから[配置]を選択し、[配置]ダイアログでラフ絵の画像を選択します。もしくは、ラフ絵の画像ファイルを、Illustratorのドキュメント上にドラッグ&ドロップしても配置できます 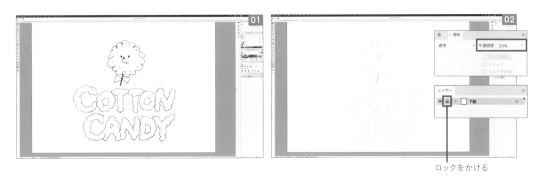。

配置したラフ絵を下絵として利用しやすいように画像の透明度を20%にします 。下絵がズレたりしないようにレイヤーにはロックをかけておくとよいでしょう。なお、下絵を配置する際にテンプレートレイヤーにする方法もあります（P.031参照）。

ロックをかける

鉛筆ツールでロゴを描く

·01·

下絵をもとに鉛筆ツールでロゴを描いていきます。描く前に、ツールバーの鉛筆ツールのアイコンをダブルクリックして 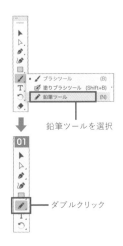、[鉛筆ツールオプション]ダイアログ  を開き、次のように設定を変更します。

- [精度]:[滑らか]
- [Opition〔Alt〕キーでスムーズツールを使用]:オン
- [両端が次の範囲内のときにパスを閉じる]:15px
- [選択したパスを編集]:7px

鉛筆ツールを選択

ダブルクリック

·02·

線パネル  で［線幅］を3pt、［線端］を［丸型線端］、［角の形状］を［ラウンド結合］に設定します。

---

03 下絵レイヤーの上に新規レイヤーを作成し、鉛筆ツールで下絵をなぞるように描いていきます **01**。01で［両端が次の範囲内のときにパスを閉じる］にチェックを入れているので、パスは自動で閉じられます **02**。
ラインをなめらかにしたい場合は、鉛筆ツールのままoption〔Alt〕キーを押すとスムーズツールに

変わるので、ラインをなぞっていきます。
また、必要に応じて、ダイレクト選択ツールやアンカーポイントツールでアンカーポイントやセグメントを調整して、ラインを整えます **03**。
最後にアクセントを追加してロゴに動きを付けました **04**。

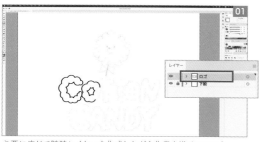

必要に応じて随時レイヤーを作成しながら作業を進めていこう

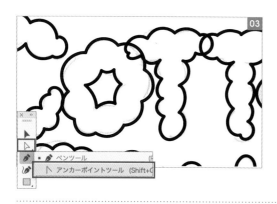

·04·

線幅ツールを使って、部分的に線幅を広げます。線幅を広げたい箇所でoption〔Alt〕キーを押しながらドラッグして外側のみ広げます **02**〜**05**。

線幅を広げる前

線幅を広げた結果

線幅調整が完成

線幅を調整した箇所を赤で示した（描画はしない）

パスの重なりの整理

·01·

重なってるパスを整理しておきます **01**。
まず、パスをすべて選択し **02**、［オブジェクト］メニューから［アピアランスを分割］を選択します **03**。
［アピアランスを分割］をすると、線幅ツールで変更を加えた部分も含めて線データがパス化され塗りデータに変わります。これでより細かくパスの編集が可能になります。

·02·

シェイプ形成ツールを使用して、重なっているパスを整理していきます。カーソルを動かすとそれぞれのパス内の色が変わるので、隣り合っていてつなげたい箇所をドラッグすると **01**、パスが合体されます（次ページ **02**）。
消したい箇所は、シェイプ形成ツールでoptionキーを押しながらドラッグすると削除できます **03** **04**。

ドラッグ

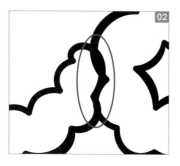
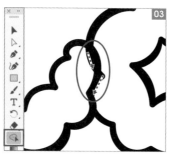

·03·

同様にして、重なっているパスを整理
していけば（赤丸で囲んだ部分）、ロゴ
部分は完成です 01 。

キャラクターの作成

·01·

次に、キャラクターを作成していきます。ロゴのときと
同様に、鉛筆ツールで下絵をなぞるように描いていき
ます 01 。鉛筆ツールの設定は「ロゴの作成」の01、
02と同じです。

·02·

ここで、顔のバランスやリボンの形状がもう少し可愛
らしくなるように、いくつかバリエーションを作ってみ
ました 01 。
ここでは、ラフを描き起こしたものからより可愛らしく
なるように線幅、顔のバランス、傾き、リボンなどの形
状を検討し、右上のキャラクターに決定しました。

これに決定 ➡

·03·

キャラクターが決定したら、
すべてのパスを選択し 01、
[オブジェクト]メニューの
[パス]から[パスのアウト
ライン]を選択して 02、パス
をアウトライン化します 03。

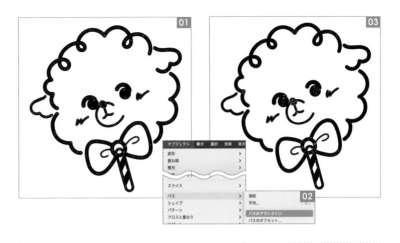

·04·

シェイプ形成ツールを使用して重なっているパスなど
を整理していきます 01(赤丸で囲んだ部分)。

キャラクター周りの装飾を追加する

01 キャラクターの周囲に星型をちりばめましょう。ス
ターツールを選択し 01、星型を作成したい位置
でクリックして設定ダイアログを表示します 02。
[点の数]を「5」に設定し、[第1半径][第2半径]

は任意の数値を入力します。
図の位置に星型を変えて作成します。大きさや
角度も変化を付けていきましょう 03。

星型をちりばめた

·02·

星のオブジェクトを選択ツールで選択し、command〔Ctrl〕キーを押すと角を丸くするポイント（ライブコーナーウィジェット）が現れるので 01 、いずれかをドラッグして、星の角を丸くします 02 。

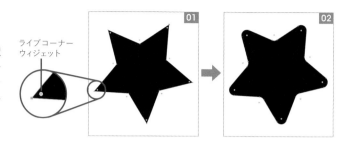

·03·

ペンツールで 02 のような点線のアクセントをつけていきます。点線の設定は線パネルで［線端］を［丸型線端］、［角の形状］を［ラウンド結合］とし、［破線］をチェックして［線分］：0ptとします 01 。

［線幅］と［間隔］の値は任意ですが、ここではそれぞれ3.2pt、5.6ptとしました（［線幅］より［間隔］に大きめの数値を入れると点と点の間隔が広くなっていきます）。

·04·

描いたパスを選択し、［オブジェクト］メニューの［パス］から［パスのアウトライン］ 01 を選択して、パスをアウトライン化します 02 。

·05·

キャラクタの左側にも同様の点線を描きます 01 。

色をつけていく

·01·

ロゴとキャラクターにライブペイントで色をつけていきましょう。

まず、ライブペイントツールのオプションを設定します。ライブペイントツール **01** をダブルクリックして[ライブペイントオプション]ダイアログ **02** を開きます。[塗りをペイント]、[カーソルスウォッチをプレビュー]にチェックを入れます。こうしておくと塗る箇所をあらかじめプレビューで確認しながら塗ることができます。

ライブペイントツールのオプション

·02·

オブジェクトを全選択してライブペイントツールを選択し、任意のカラーを選んでペイントバケツアイコンで塗りたい箇所をクリックしていきます **01** **02**。

続けて、ロゴのライン内部、キャラクタの蝶ネクタイ部分、星型などを任意のカラーで塗りつぶしていきます **03**〜**05**。

塗られる箇所がサーモンピンクで示される

この例ではC62M22 Y12K0で塗っている

この例ではM30で塗りつぶしている

·03·

頬のアクセントの背後にピンクの頬紅を追加します

鉛筆ツールでラフに
丸い図形を作成、塗
りM30を設定

ロゴ部分に影を追加する

01 ロゴ部分に影を加えましょう。ロゴを新規レイ
ヤーにコピーして影の色に変更し、背後に送って
少しずらして影に見せるという手順になります。
まず、選択ツールでロゴの外側のラインを選択し

てコピーします 01 。
次に新規レイヤー「カゲ」を作成し 02 03 、その
レイヤーに［前面へペースト］で同じ位置に貼り
付けます 04 。

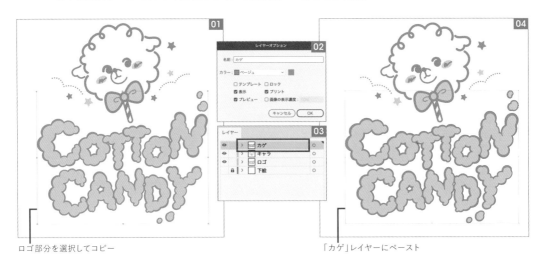

ロゴ部分を選択してコピー

「カゲ」レイヤーにペースト

·02·

ペーストしたロゴの塗りの色を変更します 01 02 。

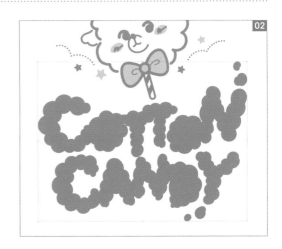

·03·

シェイプ形成ツールを使用して重なっているパスなど
を整理していきます 01 。

中の部分をシェプ形成ツールで
option〔Alt〕キーを押しながらク
リックして削除

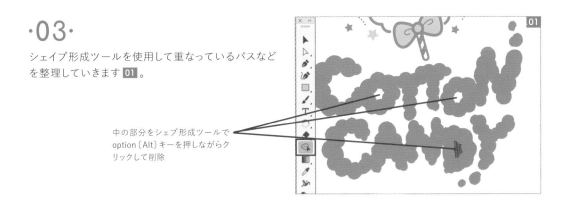

·04·

「カゲ」レイヤーを「キャラ」と「ロゴ」レイヤーの下へ
移動します 01 。
「カゲ」レイヤーのロゴが影に見えるように少し右下
にずらします 02 。
これでロゴマークの完成です 03 。

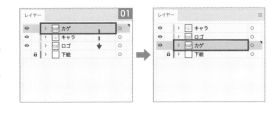

「カゲ」レイヤーのロゴを少し右下に
ずらして影のように見せる

Chapter 2

06 アイキャッチを作成する

After

Before

筆者がアイキャッチを作る際に気をつけているのは、シンプルなデザインと目を引かせるポイントのカラー、コンテンツの内容がわかるイラストなどです。今回のアイキャッチは『オススメの本特集』というコンテンツを想定して制作してみました。キーとなるキャラクターをあえて人物ではなく動物で可愛らしく、線は太めで震えのある加工で手書き風に、ゆるさを出すために全体的にラフに描いた感じにしました。

プロはこう考える

Step 1 トレースしやすいように下絵を薄くして配置する

Step 2 手描き風のブラシツールで風合いをつける

Step 3 パターンの背景と組み合わせて仕上げる

ラフを描いてIllustratorに取り込む

·01·

アイキャッチのキャラクターとしてメガネを掛けたヤギのキャラクターのラフを作成、これに最終的に本を持たせて『本』をテーマにすることにしました 01 。
ラフの絵をIllustratorのドキュメントに下絵として配置します。
[ファイル]メニューから[配置]を選択し、[配置]ダイアログでラフ絵の画像を選択します。もしくは、ラフ絵の画像ファイルをIllustratorのドキュメント上にドラッグ&ドロップしても配置できます。
配置したラフ絵を下絵として利用しやすいように画像の透明度を20%にします 02 03 。下絵がズレたりしないようにレイヤーにはロックをかけておくとよいでしょう 04 。なお、下絵を配置する際にテンプレートレイヤーにする方法もあります（P.031参照）。

手描きの絵をスキャンして取り込んだ

ブラシツールでキャラクタを描く

·01·

下書きをもとにブラシツールでイラストを描いていきます。手書き風の線になるようにブラシの形状を設定します。
ブラシパネルのメニューから[新規ブラシ]を選択し 01 、表示される[新規ブラシ]ダイアログで[カリグラフィブラシ]を選択します 02 。
続けて表示される[カリグラフィブラシオプション]ダイアログで[名前]を「ライン用」として[OK]をクリックします 03 。

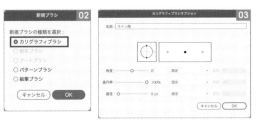

Point

カリグラフィブラシの筆圧設定

ペンタブレットをお使いの場合は、カリグラフィブラシオプションの下方にある[直径]の項目の[固定]を[筆圧]に変更し、左側のpt数値にブラシの線幅の数値（この例では3pt）を入力、右側の[変位]の数値を（この例では3pt）入力すると、入り抜きのあるラインを作ることができます 01 。
入り抜きの加減は[変位]の数値によって変えることが可能です 02 。
今回のイラストには入り抜きは必要ないのでこの[筆圧]の設定は[固定]のままにしています 03 。

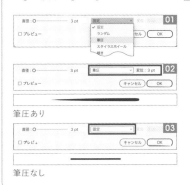

筆圧あり

筆圧なし

02 ブラシツールをダブルクリックして［ブラシツールオプション］ダイアログ 01 を開き、［精度］を［滑らか］に少し寄せると手ブレの少ない線が描けます。

一方で、手書きの感じが出るように、線が少し震えるような効果も設定します。アピアランスパネル（［ウィンドウ］メニュー→［アピアランス］）で［線］を選択し 02 、パネル下部の［新規効果を追加］アイコンをクリックして表示されるメニュー

の［パスの変形］から［ラフ］を選択します 03 。表示される［ラフ］ダイアログ 04 で、［サイズ］の［入力値］を選択し、数値を1.5px程度に設定します。

［詳細］は50/inch程度、［ポイント］は［丸く］を選択して、［OK］をクリックします。

これで手書き風の線を描けるようになります 05 。ブラシの太さはキーボードの［ ］（左右の角括弧）キーで変更できます。

ブラシツールのオプション

新規効果を追加

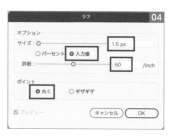

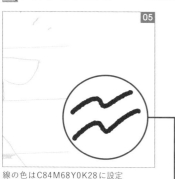

線の色はC84M68Y0K28に設定

手書き風の線が描ける
（この線はテスト）

Memo

ラフの設定の［サイズ］の数値の単位はIllustratorの環境設定の［単位］の［一般］の設定で変わってきます。
今回の例では単位はpxにしています。ミリメートルの単位設定だと［サイズ］の数値は0.5mmくらいが適しています。

·03·

描画用に新規レイヤー「ライン」を作成し 01 、下絵を参考にキャラクターを描いていきます 02 03 。

描画用の新規レイヤーを作成

本を描く

01 新規レイヤーを作り 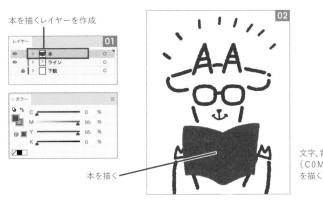[01]、キャラクターに持たせる本を描いていきます [02]。
本の文字「Book」や背表紙の線は色を変えて描きます [03]。

腕のラインと本が重なったような表現にするために、描画モードを[乗算] [04] にして本の完成です [05]。

本を描くレイヤーを作成

本を描く

文字、背表紙の線
（C0M0Y0K0）
を描く

キャラクターの腕と本が重なる

本を選択して透明パネルの[描画モード]から[乗算]を選択

背景を描く

・01・

背景描画用に新規レイヤー「背景」を作成し、線画レイヤー「ライン」の下に移動します [01]。

背景用の新規レイヤーを作成

・02・

塗りブラシツールを選択し [01]、背景の色を作成します [02]。

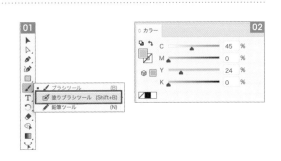

03 塗りブラシツールで背景の色をざっくりと塗っていきます。塗りブラシツールはドラッグした軌跡がアウトライン化された塗りとなります。軌跡が重なった部分は合体されるのが特徴です 01 。
ブラシの太さはキーボードの [ ] （左右の角括弧）キーで変更できます。
消したいときは消しゴムツールを使って調整していきます。消しゴムのサイズはブラシと同じくキーボードの [ ] （左右の角括弧）キーで変更できます 02 。

塗りブラシツールで塗っていく　　　背景の塗り完成

背景パターンの作成

・01・

背景に散りばめるパターンを作成します。キャラクターと本のレイヤーは作業に必要ないのでいったん非表示にします 01 。ブラシツールや鉛筆ツールで 02 のような簡単な丸や三角の図形を作成します 03 ～ 05 。これを元にパターンを作成します。

パターンの素材作成用にレイヤーを追加（パターン制作後は使用しない）

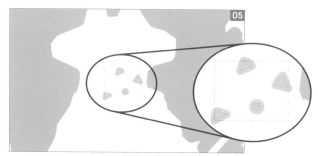

・02・

描いた図形を選択し、[オブジェクト]メニューの [パターン] から [作成] を選択すると 01 、パターンがスウォッチに登録されます 02 03 。

03
パターンオプションパネル 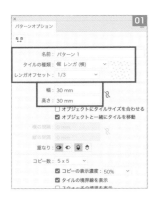 が表示されるので、[名前]にパターン名を付けます。ここでは「パターン1」としました。
[タイルの種類]は[レンガ横]、[レンガオフセット]は[1/3]を選択します。

[幅]と[高さ]はともに「30mm」と設定しました。設定結果は 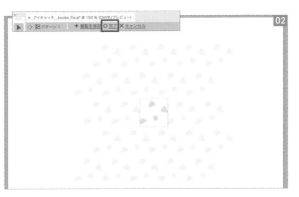 のようになります。好みのパターンになるように設定をいろいろ変えて試してみるとよいでしょう。
設定後、[完了]をクリックします。

·04·
新規レイヤー「パターン」を追加します 。[塗り]に03の「パターン1」、[線]を[なし]に設定し 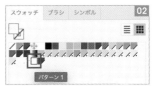、長方形を作成します 03 04 。

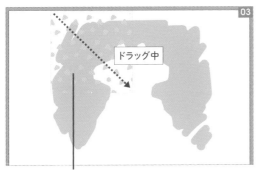
塗りに「パターン1」を設定して長方形を作成

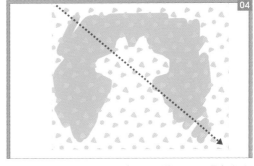
作成後に長方形の大きさを調整するときは、ダイレクト選択ツールで長方形の辺をドラッグして動かすとパターンに変形を加えることなく調整できる

パターンをクリッピングマスクでくり抜く

·01·
P.107「背景を描く」の01で作成した「背景」レイヤーで描いた背景をマスクとして使用します。
作業しやすいように、「背景」レイヤー以外を非表示にし 、すべて選択してコピーします 02 。

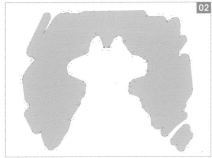

Chapter 2

·02·

「パターン2」レイヤーを選択し 、コピーした背景をペーストします 02 。

「パターン2」レイヤーに背景のオブジェクトをペースト

·03·

コピーした背景は1つにつながっていない複数（2個）のオブジェクトになっていますが、このままではマスクとしてうまく機能しません。このような場合、複合パスにすると、マスクが可能になります。背景を選択し、[オブジェクト]メニューの[複合パス]から[作成]を選択して、複合パスに変換します 01 。

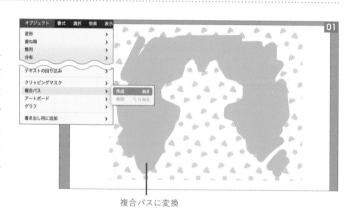

複合パスに変換

·04·

複合パスに変換したマスク用のオブジェクトと、パターンの塗りを適用した長方形を選択し、[オブジェクト]メニューの[クリッピングマスク]から[作成]を選択して 01 、クリッピングマスクを作成します。するとパターンがマスクの部分のみに表示されます 02 。
パターンの位置などを調整し、非表示にしていたレイヤーを戻して完成です 03 。

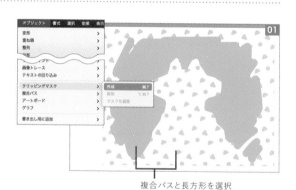

複合パスと長方形を選択

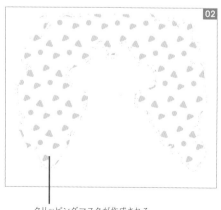

クリッピングマスクが作成される

作業を効率化する

chapter 3

Illustratorの作業効率化機能

Illustratorには効率化のための機能が数多く実装されています。制作作業をスムーズに開始する、繰り返しの作業をミスなく行う、選択オブジェクトをすばやく編集するなど、知っていると作業スピードがアップするものばかりです。また、Illustratorを長く使っているユーザーほど、比較的新しいバージョンで追加された機能はオフにしてしまいがちですが、利用シーンによっては実務でも便利に活用できるものがあります。普段はオフでも問題ありませんが、いざというときに困らないよう機能へのアクセス方法をおさえておきましょう。

アクション

特定のメニューやパネルの操作、ツールでの編集処理などを記録したものをアクションと呼びます。アクションパネルにあらかじめ登録されている[初期設定アクション]を利用するほか、自分で操作を記録したアクションを実行することが可能です。ダイアログなどへ入力した数値もアクションに記録できるため、特定の数値でオブジェクトを編集したいときにも便利な機能です。ミスなく同じ処理をくり返したいときに活用しましょう。

デフォルトのリストモード 01 では、パネル上の項目を選んで[選択項目を実行]をクリックすると、

アクションを実行できます。さらにすばやく実行したい場合はボタンモード 03 やファンクションキーを使った操作を選択してもよいでしょう。パネルメニュー 02 や[アクションオプション] 04 05 で設定を変更できます。

また、パネルメニューでは[アクションの読み込み]、[アクションの保存]によって、他の環境で作成したアクションを読み込んで使い回す、自作のアクションを書き出してバックアップを残す、といった運用が可能です。

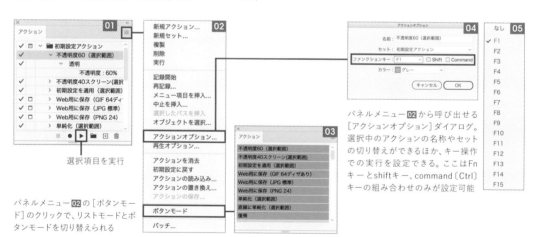

選択項目を実行

パネルメニュー 02 の[ボタンモード]のクリックで、リストモードとボタンモードを切り替えられる

パネルメニュー 02 から呼び出せる[アクションオプション]ダイアログ。選択中のアクションの名称やセットの切り替えができるほか、キー操作での実行を設定できる。ここはFnキーとshiftキー、command〔Ctrl〕キーの組み合わせのみが設定可能

スクリプト

複雑なカラー処理を一括で実行する、テキストを行ごとにバラバラにするなど、標準機能だけでは難しい処理をすばやく行えるのがスクリプトです。ア

クションと似ているように思えますが、アクションには記録できない操作もあるため、スクリプトのほうがより高度で幅広い処理を行えるといえます。

Illustratorで実行可能なスクリプトはMicrosoft Visual Basic、AppleScript、JavaScript、ExtendScriptなどです。どの形式のスクリプトも、[ファイル]メニューの[スクリプト]→[その他のスクリプト]から選択すれば実行できます。

プリセットにはサンプルスクリプトが用意されていますが **01**、スクリプト処理のお手本となるものが中心で、直接的に業務の効率が上がるものは限られています。目的に応じたスクリプトを自分で作成するか、自作が難しい場合はインターネットなどで公開されているスクリプトを入手して利用することを検討しましょう。無償のスクリプトも多く存在しますが、ワンコイン程度の手頃なもの、高価な代わりに細かく要件をオーダーして作成してもらうものなど有償スクリプトもさまざまです。いずれにしても、利用条件や実行の際のリスクは自分自身できちんと確認しましょう。

macOS環境でサンプルスクリプトが保存されている階層。Windowsの場合も、アプリケーション本体と同じ階層の「Scripting」フォルダにまとまっている

テンプレート

特定のサイズ、共通の素材を利用したドキュメントを複数作るケースではテンプレートを活用しましょう。テンプレートから新規ドキュメントを作成すると、スウォッチやシンボル、ブラシ、グラフィックスタイルなどのスタイル類のほか、アートボード上のガイドやオブジェクトを引き継いだ状態ですばやく作業を開始できます。

プリセットにもテンプレートが用意されていますが **01** **02**、実務に利用する際は自分で作成するのが確実です。テンプレート化したい体裁のドキュメントを用意し、.ait形式で保存すればテンプレートファイルになります。[新規ドキュメント]ダイアログからアクセスできる[テンプレート]ボタンをクリック、[ファイル]メニューの[テンプレートから新規]を選択するなどの方法で、テンプレートからドキュメントを作成できます。

ファイルブラウザ上でダブルクリックして開いた場合も、必ず新規ドキュメントとして作成されるのがテンプレートの最大の特徴です。.ai形式のドキュメントをそのままテンプレートとして扱うケースと異なり、オリジナルのファイルを誤って上書きしてしまうリスクがありません。

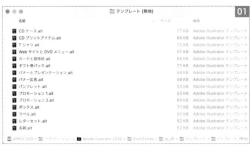

プリセットのテンプレート

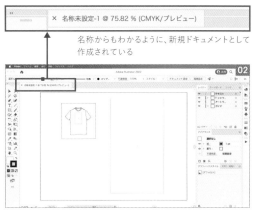

名称からもわかるように、新規ドキュメントとして作成されている

プリセットのテンプレート「Tシャツ.ait」を開いた例。ガイドやオブジェクトなどが設定された状態で新規ドキュメントを作成できる。設定されていればスウォッチやブラシ、スタイルなどの情報も引き継がれる

新規ドキュメントプロファイル

スウォッチやシンボル、ブラシ、グラフィックスタイルなどのスタイル類を引き継ぎつつ、空のドキュメントを作成できるのがドキュメントプロファイルの機能です。テンプレートに似ていますが、新規ドキュメントダイアログを経由するためアートボードの大きさや枚数などを自由に設定でき、ガイドやオブジェクトなどが配置されていないクリアな状態のドキュメントを作成できるという違いがあります。

［新規ドキュメント］ダイアログ 01 ではA4、B4など印刷向けの設定や、1366×768px、1920×1080pxなどWeb向けの設定を選択できますが、これらは「空のドキュメントプリセット」としてあらかじめ読み込まれているものです。このようなデフォ

ルトで選択できるプリセットに加え、作業の種類に応じて使いやすい設定にした新規ドキュメントプロファイルを自分で用意することもできます。

テンプレートと異なり、新規ドキュメントプロファイルの場合は.ait形式のような専用の形式で保存する必要はありません。作業しやすい状態に整えたIllustratorドキュメントを作成し、「New Document Profiles」 02 という階層に保存するだけです。保存後は［新規ドキュメント］ダイアログから表示できる［詳細設定］ダイアログの［プロファイル］で選択すれば 03、設定を引き継いだ新規ドキュメントを開いてスムーズに作業を開始できます。

最初から選択できるプリセットはWebや印刷、イラストなどの目的別に分類されている。自分でカスタムしたプロファイルもここに加えて利用できる

macOS環境で「New Document Profiles」フォルダに新規ドキュメントプロファイル用のIllustratorドキュメントを保存した例

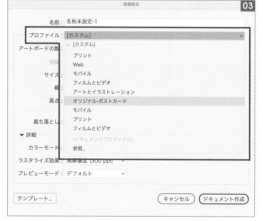

新規ドキュメントを作成する際、［詳細設定］ダイアログの［プロファイル］で選択できるようになる

オブジェクトを再配色

[オブジェクトを再配色]は各オブジェクトに含まれたあらゆるカラーをまとめて編集できる機能です。単一の線や塗り、パターンやブラシなど、属性に関係なくカラー単位で編集を行えるのがメリットで、[編集]メニューの[カラーを編集]→[オブジェクトを再配色]、またはコントロールパネルのボタンやカラーガイドパネルのメニュー、プロパティパネルの[クイック操作]などからアクセスできます。

オブジェクトを選択して[オブジェクトを再配色]を実行すると、デフォルト設定では簡易版のパネルが表示されます 01 。このパネルではあまり詳細なコントロールができない代わりに、Adobe Sensei

（人工知能）の力を活用した機能が利用できるのが特徴です 02 。

簡易版のパネルで[詳細オプション]をクリックすると、詳細版の[オブジェクトを再配色]ダイアログが表示できます 03 。[指定]では、カラー単位での編集だけでなく、カラーの入れ替えやスウォッチの割り当て、任意の色数への変更、変更したくないカラーの除外など細かな操作が可能です。

対して[編集]ではカラーホイールで操作を行います 04 。カラー同士のバランスを保ったまま色相を変更する、明るさだけ変更するなどの処理に向いています。

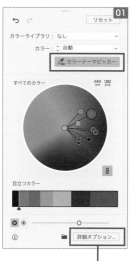

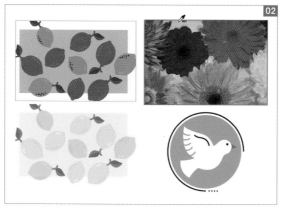

簡易版のパネルでのみ、[目立つカラー]でカラーの重み付けを変更する、画像やアートワークからカラーテーマを抽出して反映する操作が可能。ここでは、[カラーテーマピッカー]で配置画像からカラーを抽出／反映している

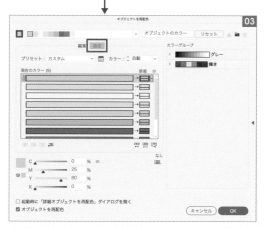

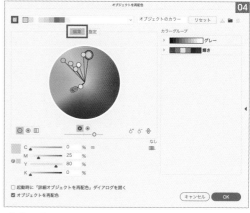

詳細版の[オブジェクトを再配色]ダイアログで利用できる[指定]と[編集]。[指定]ではダイアログ下部のスライダーで正確なカラー値の制御ができるのに対し、[編集]ではカラーホイールで直感的にカラーを編集できるのが特徴

作業を効率化する

Chapter 3

115

CCライブラリ

　CCライブラリとはクラウド上に素材を保管できる機能で、Adobe IDを持っていれば誰でも使うことができます。CCライブラリに保存した素材を「アセット」と呼びます。Illustratorの［CCライブラリ］で保存／利用できるアセットは以下のとおりです。

- 単一のカラー
- カラーテーマ（5色までのカラーグループ）
- 文字スタイル、段落スタイル
- グラフィック
- テキスト

　CCライブラリパネル 01 に保存したアセットは、インターネット接続さえあればパネルを通じていつでも利用可能です。異なるIllustratorドキュメント間だけでなく、Illustrator iPad版をはじめ、Adobeのその他のアプリケーションでも活用できます。シンボルマークや定型文、よく使う飾り罫など、異なるドキュメント間で統一して利用したいアセット類を保存しておくと便利です。ただし、グラデーションなどIllustratorでは利用できないアセットもありますので注意が必要です 02 。

ライブラリの複数作成、ライブラリ内でのアセットのグループ分けもできる。アセットが増えてきたら整理するのに便利

利用できないアセットの例。モバイルアプリAdobe Captureで作成したグラデーションはIllustratorで読み込めないため、グレーアウトで表示される

シンボル

　アイコンやボタンなど、レイアウトに繰り返し使用するパーツはシンボルとして扱うと便利です。シンボルへ登録されたアートワークを「マスター」、シンボルをドキュメントに配置したものを「インスタンス」と呼びます。マスターとインスタンスには親子関係があるため、マスターを修正すればインスタンスにも一括で修正が反映されます 01 02 。

　シンボルはまとめて選択することが可能で、異なるシンボルへの置き換えもできます。加えて、シンボルインスタンスは1つのパーツとして扱われるため、レイアウトの際に中のパーツを誤って編集してしまう心配もありません。単純なコピー&ペーストに比べてファイルサイズも軽くなるため、効率化のためのメリットが多い機能と言えます。

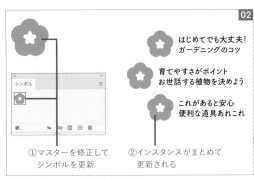

マスターとインスタンスの親子関係を活かしてパーツを一括更新した例。修正漏れがないのでミスを予防できる

また、シンボルは装飾用途でも便利な機能です。シンボルスプレーツール 03 をはじめとしたシンボルツールでは、シンボルを効率よく配置／編集してレイアウトを彩ることができます。アートワークをシンボルに登録する際に設定できる「9スライス」のオプションを活かして、拡大／縮小してもデザインが破綻しにくい飾りフレームなどを作成しても便利です 04 。

加えて、シンボルに登録できるパーツは制約が少ないため、リンク画像を除くほとんどのオブジェクトをシンボルに含めることができます。シンボルは新規ドキュメントプロファイル、テンプレートファイルでも引き継げるため、特定のドキュメントで利用する素材置場として活用するのもよいでしょう。

現在のシンボルにはダイナミックシンボル、スタティックシンボルの2種類があります。シンボル登録時にダイナミックシンボルを選択すると、インスタンス側でパーツごとにアピアランスを変更できるようになりますが、しくみを理解せずマスターやインスタンスを編集するとトラブルを引き起こす可能性があります。ダイナミックシンボル特有の機能を利用しないケースでは、従来型のスタティックシンボルを選択することをおすすめします。

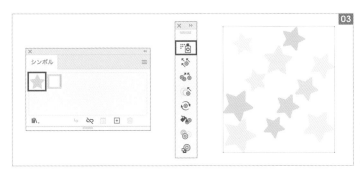

シンボルツールを使ってシンボルを散布、アレンジした例。マスターとインスタンスの関係性も保持されているため、このままパーツを一括更新することもできる

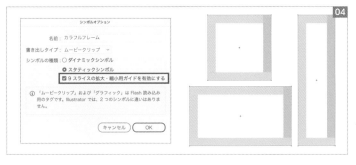

［シンボルオプション］で9スライスをオンにして作成した装飾フレームの例。ガイドを適切に設定すれば、拡大／縮小で変倍しても見た目の破綻しないフレームを作成できる

コンテキストメニュー（右クリックメニュー）

マウスの右クリックでは、一部のメニューコマンドを呼び出して実行できます。すべての機能が表示されるわけではありませんが、画面上部のメニューで実行するのが面倒なもの、ショートカットが覚えにくいものなどはここから実行するとスムーズです。

何も選択していないときは、定規やグリッド、ガイドなど、ドキュメントの表示に関する機能が表示されます（次ページ 01 ）。オブジェクトを選択しているときは［単純化］を実行できるのに加え、編集モードに入ることができます 02 。ショートカットやパネルのボタンなどから実行する場合と異なり、「何を対象にした編集モードか」が明快なのがメリットです。

テキストオブジェクトの場合は、［アウトラインを作成］を始めとした文字関連の機能にアクセスしやすくなっています 03 。特定のグリフにスナップさせる［グリフにスナップ］はここから実行するのも特徴的です。この機能を利用する場合は、［表示］メニューなどで［スマートガイド］と［グリフにスナップ］をオンにしてから、スナップさせたい文字の上でメニューを呼び出しましょう。

左から、何も選択していないとき**01**、オブジェクトを選択しているとき**02**、テキストを選択しているとき**03**

ヒストリーパネル

　作業履歴を確認できるヒストリーパネル **01** は長らくPhotoshopに実装されている機能ですが、Illustrator 2022（26.4.1）以降でも利用できるようになりました。デフォルトのワークスペースでは表示されませんので、利用する場合は［ウィンドウ］メニューから［ヒストリー］を選択します。何度もcommand〔Ctrl〕＋Zを押して取り消しを行うようなシーンでは、このパネルから履歴を遡るのがよいでしょう。

　ここへ保存する履歴の数は、［環境設定］ダイアログの［パフォーマンス］で設定できる［ヒストリー数］ **02** で決めることができます。ヒストリーパネルのメニューからもアクセスできるので、必要に応じて設定しましょう **03**。また、このパネルでは作業履歴の確認や複数履歴の取り消しができるのに加え、パネルで選択しているヒストリーから新規ドキュメントを作成することが可能です。

デフォルトのヒストリー数は100に設定されている。ヒストリーから新規ドキュメントを作成する場合は、パネル下部のボタンか、パネルメニューから実行できる

02
一般的なデザイン作業で使用するショートカット

メニューコマンドを実行する、ツールを切り替えるなどの操作を一瞬で行えるのがショートカットです。また、特定の操作でキーを組み合わせると、ちょっとした操作がストレスなく可能になるというものもあります。自分自身の操作を棚卸しして、優先度の高いものから効率化していきましょう。

覚えておきたいデフォルトショートカット

メニューコマンドのショートカットキーはメニュー右横に表示されていますが 01 、現在の設定をすべて確認するには［編集］メニューの［キーボードショートカット］からダイアログを呼び出しましょう 02 。デフォルトでは［Illustrator 初期設定］セットが適用されています。ここでは、デフォルト設定のうち操作の基本となるもの、覚えておくと便利なものを紹介します。以下に挙げるものは一例ですので、ここに掲載されていなくても頻繁に使うものはできるだけキーで実行しましょう。

［キーボードショートカット］ダイアログでは、メニューコマンドだけでなくツールのショートカットも確認できる

●よく使うメニューコマンドのショートカット

メニューコマンド	ショートカット	覚え方のヒント
環境設定を開く	command〔Ctrl〕+ K	
保存	command〔Ctrl〕+ S	**S**ave
取り消し	command〔Ctrl〕+ Z	
やり直し	shift + command〔Ctrl〕+ Z	
カット	command〔Ctrl〕+ X	Xはハサミ（切り取るイメージ）の形に似ている
コピー	command〔Ctrl〕+ C ）※	**C**opy
ペースト	command〔Ctrl〕+ V	
前面へペースト	command〔Ctrl〕+ F	**F**ront
背面へペースト	command〔Ctrl〕+ B	**B**ack
変形の繰り返し	command〔Ctrl〕+ D	
最前面へ	shift + command〔Ctrl〕+]	
前面へ	command〔Ctrl〕+]	［ ］←入力順で考えると後（前面）
背面へ	command〔Ctrl〕+ [	入力順で考えると先（背面）→［ ］
最背面へ	shift + command〔Ctrl〕+ [	
グループ	command〔Ctrl〕+ G	**G**roup
グループ解除	shift + command〔Ctrl〕+ G	

※ X、C、Vとキーの並びで覚える

Chapter 3

よく使うメニューコマンドのショートカット（前ページの続き）

メニューコマンド	ショートカット	覚え方のヒント
選択範囲をロック	command〔Ctrl〕+ 2	
すべてをロック解除	option〔Alt〕+ command〔Ctrl〕+ 2	
選択範囲を隠す	command〔Ctrl〕+ 3	
すべてを表示	option〔Alt〕+ command〔Ctrl〕+ 3	
クリッピングマスクの作成	command〔Ctrl〕+ 7	
クリッピングマスクの解除	option〔Alt〕+ command〔Ctrl〕+ 7	
複合パスの作成	command〔Ctrl〕+ 8	
複合パスの解除	option〔Alt〕+ shift + command〔Ctrl〕+ 8	
すべてを選択	command〔Ctrl〕+ A	**A**ll
選択を解除	shift + command〔Ctrl〕+ A	
アウトラインとプレビューの切り替え	command〔Ctrl〕+ Y	
ズームイン	command〔Ctrl〕+ + ※	
ズームアウト	command〔Ctrl〕+ −	
アートボードを全体表示	command〔Ctrl〕+ 0	
すべてのアートボードを全体表示	option〔Alt〕+ command〔Ctrl〕+ 0	
100％表示	command〔Ctrl〕+ 1	
スマートガイドの表示を切り替え	command〔Ctrl〕+ U	
ガイドの表示を切り替え	command〔Ctrl〕+ ;	
ガイドを作成	command〔Ctrl〕+ 5	

※ JISキーボードの場合。USキーボードではcommand〔Ctrl〕+ =

●よく使うツールのショートカット

ツール	ショートカット	覚え方のヒント
選択ツール	V	Vも Aも矢印のような形
ダイレクト選択ツール	A	Vも Aも矢印のような形
ペンツール	P	**P**en
拡大・縮小ツール	S	**S**cale
回転ツール	R	**R**otate（回転の英単語）
リフレクトツール	O	Oは上下左右に対称な形
グラデーションツール	G	**G**radation
スポイトツール	I	I = **eye**dropper（スポイトの英単語）
手のひらツール	スペース ※1	テキストの編集中はoption〔Alt〕キーが有効
ズームツール	Zまたはcommand〔Ctrl〕+ スペース ※2	**Z**oom

※1 押している間一時切り替え
※2 後者は押している間一時切り替え

●その他のショートカット

その他の便利機能	ショートカット	覚え方のヒント
［塗り］と［線］の切り替え	X	e**X**change（入れ替えるの英単語） 上下を入れ替えるイメージで覚えてもよい
［塗り］と［線］のカラーを入れ替え	shift + X	
［線］または［塗り］を［なし］に	/	［なし］の斜線のイメージ
すべてのパネルの表示／非表示を切り替え	Tab	

カスタマイズしたいショートカット

以下のショートカットは選択中のオブジェクトの塗りや線のカラーを変更するものです。誤操作によるオブジェクトの編集を予防したい場合はオフにし てもよいでしょう。もちろん、操作に慣れている方はオンのまま、または扱いやすいキーへ変更してもかまいません。

塗りと線の機能	ショートカット	説明
塗りまたは線に 単色のカラーを適用	,（カンマ）	直前までカラーパネルに表示されていた カラーが適用される
塗りまたは線に グラデーションを適用	.（ピリオド）	直前までグラデーションパネルに表示されていた グラデーションが適用される
初期設定の塗りと線を適用	D	グラフィックスタイルパネルで［デフォルト］として登録されている アピアランスが適用される

また、デフォルトでは設定されていませんが、キーで実行すると便利なのが整列／分布のメニューコマンドです。通常は整列パネルを使用しますが、レイアウト作成などで頻繁に利用するケースでは［キーボードショートカット］ダイアログでキーを設定するのがよいでしょう **01** 。

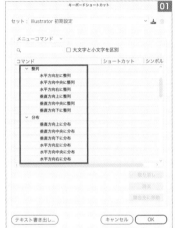

Illustrator 2023（27）で［等間隔に分布］を除く「分布」の各コマンドも新たにメニューに追加されたため、ショートカットが設定可能になっている

キーや特定の操作でツールを一時的に切り替える

● 選択系のツール ●

選択ツール、ダイレクト選択ツール、グループ選択ツールの3つはcommand〔Ctrl〕とoption〔Alt〕のキーの組み合わせによって自由に一時切り替えができます。たとえば、選択ツールの場合はcommand〔Ctrl〕キーを押すと、ダイレクト選択ツー ル、グループ選択ツールのどちらか直前まで使っていた方に切り替わるしくみです。それぞれの関係性は **01** のようになっていますが、いずれも実際に操作して覚えるのがよいでしょう。

いずれもキーを押している間のみ一時的に切り替えられる。すばやくツールを変更して作業効率をアップできる

Chapter 3

また、いくつかのツールを除き※、ほとんどのツールでcommand〔Ctrl〕キーを押すと選択ツール、ダイレクト選択ツール、グループ選択ツールへの一時切り替えが可能です **02**。キーを押すと、3つのツールのうち直前まで使っていたものへ切り替わります。オブジェクトの描画の最中にすばやく他のパーツを選択したり、バウンディングボックスで変形したり、スムーズな作業には欠かせない操作です。

※ペンツールの場合は、ダイレクト選択ツールのみ切り替え可能。遠近グリッドツールでは切り替えができません。

<figure>
02

ほとんどすべてのツール

T / □ ▷◁ 〔 …

command〔Ctrl〕

▶ 選択ツール　▷ ダイレクト選択ツール　▷+ グループ選択ツール
</figure>

● ペン系のツール ●

ペンツールはcommand〔Ctrl〕キーでダイレクト選択ツール、option〔Alt〕キーでアンカーポイントツールへの一時切り替えができます **03**。また、パスを選択している状態でカーソルをセグメントに合わせるとアンカーポイントの追加、アンカーポイントに合わせるとアンカーポイントの削除が可能です。アンカーポイントやセグメントなど、パスの細かな部分を編集する際、ツールバーで切り替えるよりもすばやく操作できますので積極的に活用しましょう。

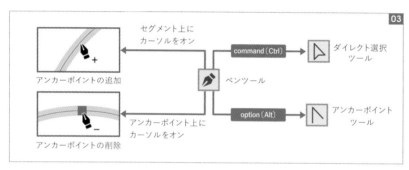

<figure>
03

セグメント上にカーソルをオン

アンカーポイントの追加

アンカーポイント上にカーソルをオン

アンカーポイントの削除

command〔Ctrl〕 → ▷ ダイレクト選択ツール

ペンツール

option〔Alt〕 → ∧ アンカーポイントツール

アンカーポイントツールではセグメントをドラッグするとセグメントをリシェイプできるが、ペンツールからの切り替え時でも有効。
パス編集に関するほとんどの操作はペンツールを基準に完結できる
</figure>

● 文字ツール ●

テキストオブジェクトを作成するには複数のツールがありますが、操作の仕方によっては文字ツールだけでほとんどのテキスト作成に対応できます **04**。クリックまたはドラッグ、クリックするパスの状態や組み合わせるキーによって変わりますので、関係性をおさえておきましょう。横書きのツールの場合、shiftキーを押して操作すると縦書きでテキストオブジェクトを作成できるのも便利なポイントです。

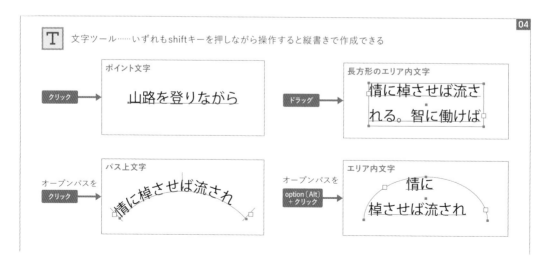

<figure>
04

T 文字ツール……いずれもshiftキーを押しながら操作すると縦書きで作成できる

ポイント文字
クリック → 山路を登りながら

長方形のエリア内文字
ドラッグ → 情に棹させば流される。智に働けば

パス上文字
オープンパスを クリック → 情に棹させば流され

エリア内文字
オープンパスを option〔Alt〕＋クリック → 情に棹させば流され
</figure>

● キーで入力値を操作する ●

座標や線幅、変形の値など、各パネル、ダイアログで数値を入力するとき、方向キーの上下またはスクロールホイールと特定のキーを組み合わせると、切りのよい数値で増減ができるようになっています。数値の微調整を行いたいケースなどで活用しましょう。shiftでは10ずつ、command〔Ctrl〕では0.5または0.1ずつ、どちらも端数を切り捨ててから増減します。

ただし、スクロールホイールの場合は入力エリアの上でスクロールするだけでも数値が変わりますので、誤操作に注意が必要です。

※増減値は使用している単位によって変わります。ここではmmとpxの場合のみ解説しています。

操作	組み合わせるキー	mm／px※
方向キーの上下		1ずつ増減
方向キーの上下	shift	10ずつ増減
方向キーの上下	command〔Ctrl〕	0.5ずつ／0.1ずつ増減
方向キーの上下	shift＋command〔Ctrl〕	5ずつ／1ずつ増減
スクロールホイール		スクロールに応じて増減
スクロールホイール	shift	10ずつ増減
スクロールホイール	command〔Ctrl〕	0.5ずつ／0.1ずつ増減
スクロールホイール	shift＋command〔Ctrl〕	5ずつ／1ずつ増減

● escキーを活用しよう ●

誤って呼び出したダイアログのキャンセルや、編集モードの終了などさまざまなシーンで便利に使えるのがescキーです。[キャンセル]などのボタンを探してクリックするよりもすばやく作業に戻れます。escキーが有効な操作には以下のようなものがあります。

- 表示中のダイアログをキャンセルする
- グループ編集モード、パターン編集モード、シンボル編集モードを終了する 05
- ペンツール、曲線ツールで現在編集中のパスの描画を終了する
- テキストの編集を終了する
- 遠近グリッドを非表示にする 06
- アートボードツールモードを終了する（直前まで使っていたツールに戻る）
- 線幅ポイントの選択を解除する
- フルスクリーンモードを終了する

編集モードの終了も、画面左上の矢印アイコンをクリックするよりもescキーを使った方がすばやく終了できる

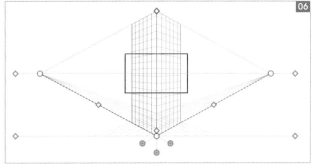

遠近グリッドツールに切り替えると自動的に遠近グリッドが表示されるが、誤って表示した場合はescキーで非表示に戻せる

・作業を効率化する・

Chapter 3

キー操作で重ね順をコントロールしてペースト

オブジェクトの重ね順を変更するメニューコマンドは4つあり、デフォルトでもそれぞれにショートカットが割り振られています。ただし、オブジェクトが複雑に重なっているドキュメントでは[最前面へ]、[前面へ]、[背面へ]、[最背面へ]の4つだけでは対処が難しいことがあります。レイヤーパネルで直接階層を変更する方法もありますが、こちらも複雑なドキュメントの場合は作業が大変です。オブジェクト同士の重ね順を考慮して配置したいケースでは、オブジェクトの重ね順そのものを変更するのではなく、[前面へペースト]、[背面へペースト]の

ショートカットを利用するのがおすすめです。

[前面へペースト]または[背面へペースト]を[カット]と組み合わせて実行するとき、オブジェクトを選択しているとその前面または背面にペーストされます。目的の位置へオブジェクトを移動してからカットし、重ね順の基準となるオブジェクトを選択してから[前面へペースト]または[背面へペースト]を実行すれば、狙った階層へオブジェクトを配置できます。重ね順を変更するショートカットを何度も押すよりも確実です 01 〜 06 。

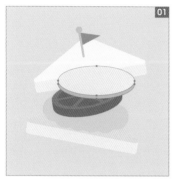
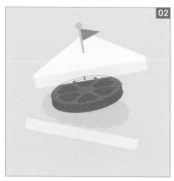

ハムのパーツをカットしてから 01 04 、トマトのパーツを選択し 02 05 、[前面へペースト] 03 または[背面へペースト] 06 を実行して、サンドイッチのイラストに仕上げた例。ハムとトマトのパーツはそれぞれグループになっている。この方法なら重ね順を考慮してパーツをペーストできる

キー操作でパターンを拡大／縮小する

拡大／縮小や回転など変形処理を行うダイアログで[パターンの変形]をオンにすると、線や塗りに適用したパターンスウォッチも変形の対象にすることができます。パターンの調整に便利なオプションですが、オンになっていることを忘れたままパターンを変形して縦横比を崩してしまう、というトラブルが起きがちです。また、[パターンの変形]に相当す

るオプションは変形パネルや[環境設定]ダイアログなど複数箇所に用意されており、オプションのオン／オフはすべて連動している点にも注意が必要です。

こういったケースでは、パターンの変形に「^」（サーカムフレックス：JIS配列の場合）または「~」（チルダ：US配列の場合）キーを使用しましょう 01 02 。塗り

または線に対してパターンスウォッチを適用したオブジェクトを選択し、拡大・縮小ツールなどでのドラッグ操作を開始してから^キーまたは~キーを押すと※、パターンだけを変形できます 03 〜 05 。

※Windows環境の場合は、^キーまたは~キーを押してからドラッグを開始します。Mac環境でも操作の順番が異なるケースがありますが、使用するキーは同じです。実際の環境で試して確認するのがよいでしょう。

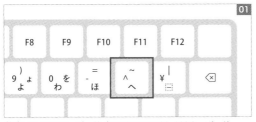

（例）MacのJISキーボード／Windowsの106、109キーボード

（例）MacのUSキーボード／Windowsの101、104キーボード

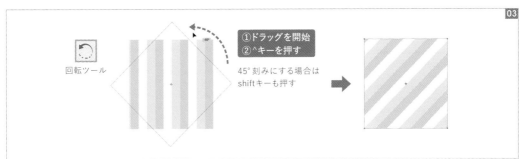

回転ツール

①ドラッグを開始
②^キーを押す

45°刻みにする場合は
shiftキーも押す

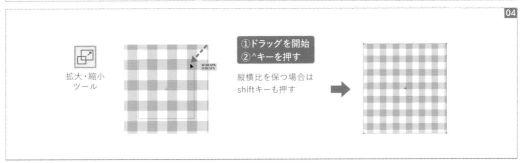

拡大・縮小
ツール

①ドラッグを開始
②^キーを押す

縦横比を保つ場合は
shiftキーも押す

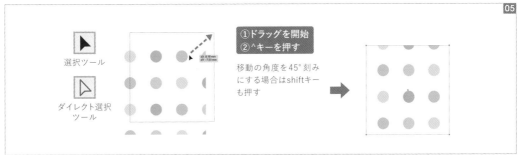

選択ツール

ダイレクト選択
ツール

①ドラッグを開始
②^キーを押す

移動の角度を45°刻み
にする場合はshiftキー
も押す

回転、拡大／縮小、移動の順に、変形処理が可能なツールでパターンだけを変形した例。いずれもドラッグ操作を終了した時点でパターンの変形が確定する。選択ツールのバウンディングボックスを使った回転と拡大／縮小は対象外だが、リフレクトツールなどその他の変形処理を行うツールでも同様の操作が可能

　ドラッグ操作が基本となるためパーセンテージを指定するような正確な編集には向きませんが、この操作は［パターンの変形］がオフでも実行可能なのが最大のメリットです。変形後に［パターンの変形］が自動的にオンになることもありません。また、方向キーでの移動に対しても有効ですので、パターンの位置の微調整に使うのもおすすめです。いずれも、^キーまたは~キーを押している間だけ［パターンの変形］がオンになっているイメージで操作するとよいでしょう。

03

定型的な作業を効率的に繰り返す

ミスなく同じ作業を繰り返したいときは、アクションを作成して実行しましょう。特定の大きさの図形を描く、複数のパネルメニュー操作を一括で行うなど、アクションにはさまざまな操作を記録可能です。作成したアクションはパネルから何度でも実行することができます。

操作を記録してアクションを作成／実行する

·01·

例として、選択しているオブジェクトを［線幅と効果を拡大・縮小］がオンの状態で200％に拡大するアクションの作成を解説します。
まずはアクションへの記録作業が実行可能な状態にする必要があります。操作の記録用オブジェクトとして、長方形ツールなどで描いた適当な図形を用意します 01。塗りと線のカラー、線幅は見やすいものを設定しましょう。

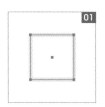

·02·

アクションの記録や実行、管理はすべてアクションパネル 01 で行います。表示されていない場合は［ウインドウ］メニューの［アクション］から表示しましょう。パネルを確認すると［初期設定アクション］セットがデフォルトで用意されています。このセットへアクションを追加することもできますが、ここでは新たに専用のセットを作成してからアクションを記録しましょう。

·03·

アクションパネルで［新規セットを作成］をクリックし 01、表示されたダイアログの［名前］に好きな名称を入力して［OK］をクリックします 02。

［新規セットを作成］

·04·

セットが作成されたらアクションパネルの［新規アクションを作成］01 からダイアログを表示します 02 。作業内容がわかる名称、保存先のセットを設定して［記録］をクリックすると、アクションの記録が開始します。

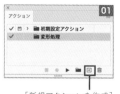

［新規アクションを作成］

·05·

選択ツールなどで先ほど描いたオブジェクトを選択し、[オブジェクト] メニューの [変形] から [拡大・縮小] を選択します。ダイアログが表示されたら [縦横比を固定] に「200%」を入力し、[線幅と効果を拡大・縮小] をオンにして [OK] をクリックします 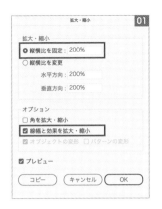。

06
これでオブジェクトは200%に拡大されますが **01**、変形パネルを確認すると [線幅と効果を拡大・縮小] はオンのままです **02**。元の状態に戻すため、オフに切り替えましょう **03**。

ここまでの操作が記録できているのを確認し、アクションパネルの [再生／記録を中止] をクリックして終了します **04**。

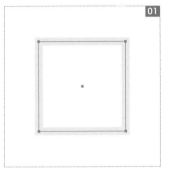

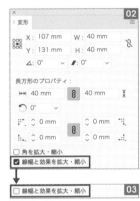

[再生／記録を中止]

07
作成したアクションを実行して結果を確認してみましょう。ここでは、複数の線幅や線のカラー、効果などを適用したイラストに対して実行します。全体を選択してから **01** **02**、先ほど作成したア

クションをパネルで選んでいる状態で [選択項目を実行] をクリックします **03**。これで、記録した一連の操作をミスなく実行できるようになりました **04** **05**。

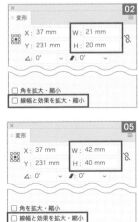

アクション実行前後 **02** **05** で、イラストのサイズ [W][H] は2倍になるが、[線幅と効果を拡大・縮小] はオフのままになっていることを確認

Chapter 3

127

操作がアクションに記録されないときは

·01·

一部のメニューは、記録中に操作をしてもアクションに記録されません。この場合は、アクションの記録中にアクションパネルのメニューから[メニュー項目を挿入] 01 を選択してダイアログを呼び出しましょう。

02

[メニュー項目を挿入]ダイアログの表示中にメニューを選択すると 01 、自動的に名称が入力されます。または、挿入したいメニューの名称を入力して[検索]ボタンをクリックしてもかまいません 02 。

[メニュー項目]に記載された名称が正しいか確認し、[OK]をクリックするとアクションパネル上でメニュー操作が記録されます 03 。なお、メニュー項目の追加はアクションの記録終了後でも可能です。

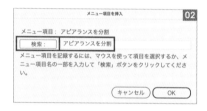

03

また、テキストオブジェクトへの文字の入力や、ブラシツールなどを使ったフリーハンドの描画はアクションに記録することができません。これらの操作をアクションに含めたい場合は、アクションパネルのメニューから[中止の挿入]を選び、アクション項目に含めるのがおすすめです。
[中止を挿入]ダイアログ 01 では、中止の際に表示されるメッセージを自分で入力することができ、[続行許可]のオン／オフによって中止時の挙動が変わります。下図を参考に、どちらが適切か検討するのがよいでしょう。
オンの場合は、中止後のアクション項目を引き続

き実行するか、中止するかを選ぶダイアログが表示されます 02 。アラートダイアログ的な使い方ではオンにするのがよいでしょう。
オフの場合は[OK]をクリックしてもダイアログが閉じられるのみで、以降のアクションの再生はストップした状態になります 03 。前述のような、アクションに記録できない操作をアクションに含めたい場合はこちらを利用します。アクションパネルでは次のアクション項目が選択されたままになっていますので、操作が完了してから再び[選択項目を実行]をクリックして、手動でアクションの実行を継続します。

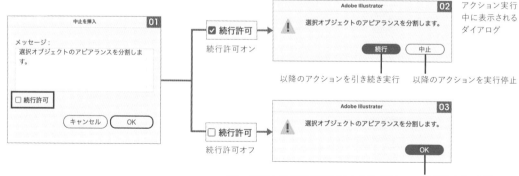

アクション実行中に表示されるダイアログ

以降のアクションを引き続き実行　　以降のアクションを実行停止

クリックするとダイアログが閉じられるが、アクションの実行は自動で継続しない

アクションを効率よく実行する

01 アクションの実行時に不要な項目をスキップするには、アクションパネルの項目の左側にある［コマンドの実行を切り替え］でチェックをオフにします **01**。
複数の項目でアクションを作成しておき、状況に応じてオン／オフを切り替えてあらゆる場面に対応する、といった使い方をしてもよいでしょう。設定値を入力するダイアログの表示切り替えもパネルで設定可能です。
［ダイアログボックスの表示を切り替え］で表示を有効にしていると **02**、アクションの実行中にダイアログが表示されるようになります。同じ処理でも、入力値はその都度変更したいケースで便利なオプションです **03** **04**。

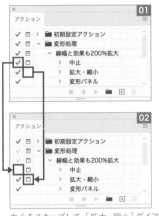

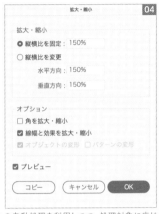

中止をスキップして、［拡大・縮小］ダイアログが表示されるよう設定した例。アクションの自動処理を利用しつつ、処理対象に応じて個別に数値を設定できる

·02·

また、セットにまとめられているアクションは、セット全体での実行もできるようになっています。この場合はパネル上でセットを選択した状態で選択項目を実行をクリックしましょう **01**。セット全体での実行、［コマンドの実行を切り替え］や［ダイアログボックスの表示を切り替え］のオン／オフは柔軟に組み合わせて利用するのがおすすめです。

アクションをキー操作で実行する

01 作成したアクションはキー操作でも実行可能です。アクションパネルでアクションを選んでいる状態で、パネルメニューから［アクションオプション］（次ページ **01**）をクリックします。［アクションオプション］ダイアログが表示されたら、［ファンクションキー］のリストの中から設定したいキーを選択しましょう **02**。ファンクションキーにはshiftまたはcommand〔Ctrl〕を組み合わせることもできます。設定が済んだら［OK］をクリックしてダイアログを閉じます。設定されたキーはアクション項目の右の欄に表示されています **03**。
ファンクション、shift、command〔Ctrl〕の3つの組み合わせに限られていますが、作成したアクションを頻繁に利用する場合はキーを設定するのがよいでしょう。

Chapter 3

129

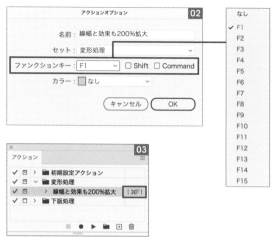

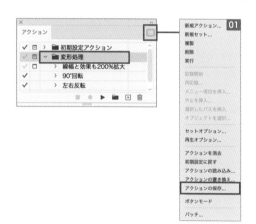

作成したアクションを管理する

01 アクションは環境設定に含まれた状態で保存されています。そのため、負荷の高い作業などでIllustratorが強制終了してしまうと、作ったアクションは保存されず消えてしまうことになります。アクションの作り直しを予防するためにも、アクションを作成したら確実にIllustratorを正常終了するか、作成したアクションのバックアップを残すのがおすすめです。

アクションの書き出しはセット単位で行います。目的のセットを選択した状態で、アクションパネルのメニューから[アクションの保存]を選択し **01**、管理しやすい場所にファイルを保存します **02**。

保存したアクションは同じくパネルメニューから[アクションの読み込み]を選択すれば読み込むことができます。トラブル対応による環境設定の削除やIllustratorの再インストールに備えるだけでなく、異なる環境で同じアクションを使いたい場合にも便利な方法です。

アクションは.aia形式で保存される。クラウドストレージなどに保存するのも管理方法としておすすめ

04

スクリプトを使用して自動化する

少し複雑な作業をもっと効率よく行いたいといったケースで便利なのが、スクリプトによる自動処理です。ツールでは描画できない形を描いたり、複数の要素をまとめて編集したり、標準機能では難しい処理をすばやく済ませることができます。

実行するスクリプトを用意する

01
Microsoft Visual Basic、AppleScript、JavaScript、ExtendScriptなど、Illustratorで実行可能なスクリプトを用意します。アプリケーションと一緒にインストールされているサンプルスクリプトを利用する、インターネット上で公開されているものを利用するなどの方法がありますが、ここでは簡単なスクリプトを自分で作成して、実際に実行してみましょう。

テキストエディットなどのテキストエディタを起動したら、標準テキストで以下の2行 **01** を入力して「.jsx」の拡張子で保存します **02**。「水平方向左に整列」、「垂直方向上に整列」を順番に実行して、選択オブジェクトを左上に整列するスクリプトです。ファイル名はわかりやすく「左上に整列.jsx」にしました。

```
app.executeMenuCommand("Horizontal Align Left");
app.executeMenuCommand("Vertical Align Top");
```

作成したスクリプトファイルはFinderなどのファイルブラウザから書類の情報を表示して、拡張子が正しいか確認するとよい。.jsxで保存したつもりでも、拡張子が非表示になっていて.txtなど他の拡張子で保存されているのに気づかないケースがある

スクリプトを実行する

01
スクリプトを実行するため、Illustratorでドキュメントを開いてオブジェクトを1つ以上選択します **01**。[ファイル]メニューの[スクリプト]から[その他のスクリプト]を選択し **02**、先ほど作成した

スクリプトを選択して[開く]をクリックしましょう（次ページ **03**）。スクリプトが正しく記述できていれば、選択していたオブジェクトが左上で整列されます **04**。

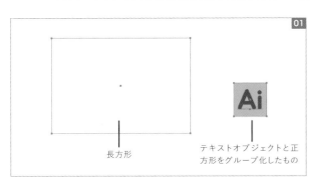

長方形

テキストオブジェクトと正方形をグループ化したもの

作業を効率化する

Chapter 3

131

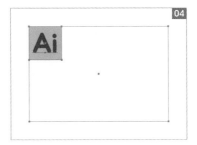

よく使うスクリプトをメニュー項目にする

01 頻繁に利用するスクリプトを [その他のスクリプト] から毎回実行するのはあまり効率がよくありません。その場合は、メニューから実行することもできます。

メニュー項目にしたいスクリプトは以下の場所に配置します 01 。macOS、Windowsどちらの場合もアプリケーションと同じ階層に含まれているフォルダです。

ここでは、先ほど作成した整列のスクリプトを「スクリプト」フォルダ直下に移動してみます 02 。

ただし、macOS環境の場合、03 のようなアラートが表示されることがあります。この場合はダイアログでパスワードを入力し、[OK] をクリックして保存しましょう。

Windows環境でも 04 のようなダイアログが表示されますので「続行」をクリックし、パスワードを求められた場合は入力します。

Illustratorを起動している場合は一旦終了して再起動します。再起動後に [ファイル] メニューの [スクリプト] サブメニュー 05 を確認すると、自分で追加したスクリプトがメニュー項目として表示されています。

この方法では、メニュー項目からスクリプトをすばやく実行できるだけでなく、スクリプトの実行をアクションへ記録することも可能です。

ただし、Illustratorのアプリケーション本体と同じ階層にスクリプトを保存するため、再インストールの際にスクリプトがすべて消えてしまうリスクもあります。スクリプトファイルのバックアップを残す、メニュー項目にこだわらずアクセスのしやすい階層でスクリプトの管理を行うなど、対策を考えましょう。

・macOS
アプリケーション→Adobe Illustrator 2023→Presets→ja_JP→スクリプト

・Windows
Program Files→Adobe→Adobe Illustrator 2023→Presets→ja_JP→スクリプト

01

左記はデスクトップのフォルダ表記。「2023」の部分にはインストールされているIllustratorのバージョン名が入る

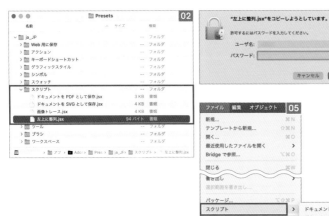

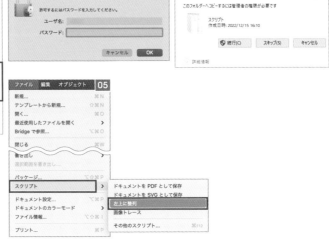

05

ショートカットのカスタマイズ

デフォルト設定では多数のキーボードショートカットが登録されていますが、操作しにくい、覚えにくいといった場合は扱いやすいキーへカスタマイズしましょう。設定のないものは自分で好きなキーを割り当てることもできます。カスタマイズしたショートカットの設定を異なる環境で扱う方法についても理解しておきましょう。

ショートカットを変更する

・**01**・

ここでは例として、デフォルト設定で割り当てのない［表示］メニューの［コーナーウィジェットを隠す（または表示）］にショートカットを設定してみましょう。

［編集］メニューの［キーボードショートカット］ **01** から［キーボードショートカット］ダイアログ **02** を呼び出します。デフォルトのまま使用している場合は［Illustrator 初期設定］セットが表示され、現在のキー設定を確認することができます。

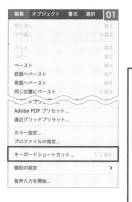

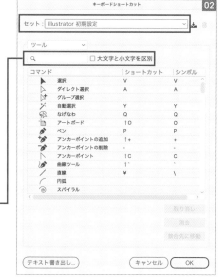

虫眼鏡アイコンの入力欄では、メニューコマンドだけでなくキーの名称でも検索ができる

02 ［コマンド］のリストの上にあるプルダウンメニューで［メニューコマンド］を選択します **01**。リストから直接探す、または虫眼鏡アイコンの入力欄から検索してキーを設定したいメニューコマンドを表示しましょう **02**。

キーの割り当てのないメニューコマンドは、［ショートカット］の列の空欄をクリックしてから

キーを入力すると設定できます（次ページ **03**）。このとき、他のメニューコマンドとキーがバッティングしているとダイアログ下部にアラートが表示され、このまま進めると競合先のキーは削除されます。別の設定に変更したい場合は［競合先に移動］をクリックして、新たに別のキーを設定しましょう。

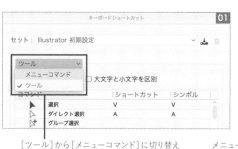

［ツール］から［メニューコマンド］に切り替え

メニューコマンドやキーの名称で検索できる　空欄をクリック

設定したいキーを入力

03

[Illustrator 初期設定]を変更してキーを設定した場合、[セット]の右横にある[保存] または[OK]をクリックすると 01 、キーセットファイルに名前をつけるダイアログが表示されます 02 。わかりやすい名称にして[OK]をクリックし、

キーセットとして保存しましょう 03 。デフォルト以外の既存のキーセットを変更した場合は上書きを確認するダイアログが表示されます。[はい]をクリックすればショートカットのカスタマイズが終了します 04 。

キーセットを他の環境でも利用する

01
カスタマイズしたキーセットファイルは、環境設定と同じ階層に保存されています 01 。

ここに.kysの拡張子で保存されているのがキーセットファイルです 02 。異なる環境でキーセットを使い回す場合は、ファイルブラウザなどでこのファイルを同じ階層に保存しましょう。キーセットファイルを追加したIllustratorを再起動すると、［キーボードショートカット］ダイアログの［セット］で同じキーセットを選べるようになります 03 。

01

• **macOS**
ユーザ→［ユーザー名］→ライブラリ→Preferences→Adobe Illustrator 27 Settings→ja_JP

• **Windows**
ユーザー→［ユーザー名］→AppData→Roaming→Adobe→Adobe Illustrator 27 Settings→ja_JP→x64

※Mac環境の場合、ユーザーの「ライブラリ」フォルダはデフォルトで非表示のため、Finderの「移動」メニューでoptionキーを押すと表示される「ライブラリ」からアクセスする必要がある。

※Windows環境の場合も、「AppData」はデフォルトで「隠しファイル」となっているため非表示となっている。ホームフォルダを開き、Windows 11ではエクスプローラーの［表示］→［表示］→［隠しファイル］を選択、Windows 10ではエクスプローラーの［表示］タブの［隠しファイル］にチェックを入れると表示される。

・
作
業
を
効
率
化
す
る
・

.kysファイルは別環境で使い回すだけでなく、環境設定の削除に備えてバックアップを取るのもおすすめ

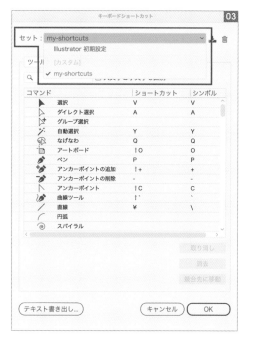

06

設定済みのドキュメントで
すばやく作業を開始する

作業でよく使う設定をドキュメントを新規作成するたびに作り込むのは手間がかかります。
スウォッチ、ブラシ、スタイル類などの設定を引き継いだドキュメントですばやく作業を始めたいときはテンプレート、または新規ドキュメントプロファイルを利用するのがおすすめです。
加えて、作成済みのドキュメントに対して個別に設定を読み込む方法についてもおさえておきましょう。

テンプレートと新規ドキュメントプロファイルの違い

スウォッチ、ブラシ、スタイル類など、頻繁に使う設定を引き継いでドキュメントを作成するには、テンプレートを利用する方法と、新規ドキュメントプロファイルを利用する方法があります。よく似ている機能ですが、この2つは以下の点で大きく異なります **01**。

テンプレートと新規ドキュメントプロファイルのどちらがよいかは、実際の作業の内容によって変わります。それぞれの違いを理解して適切なほうを選択するようにしましょう **02**。

01		保存場所	[新規ドキュメント]ダイアログでの設定	ガイドやアートボード上のオブジェクト
テンプレート		どこでもよい	できない	保持する
新規ドキュメントプロファイル		「New Document Profiles」フォルダ内	できる	保持しない

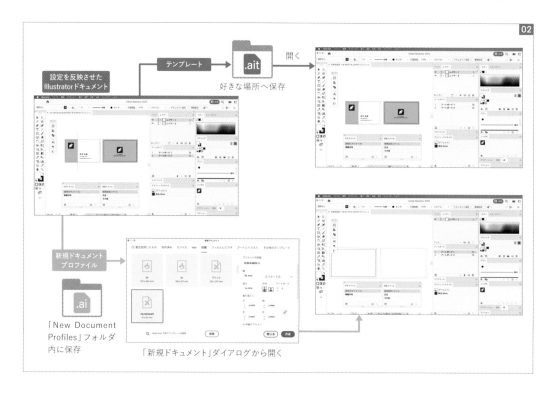

設定を反映させたIllustratorドキュメント

テンプレート → .ait 好きな場所へ保存 → 開く

新規ドキュメントプロファイル → .ai

「New Document Profiles」フォルダ内に保存

「新規ドキュメント」ダイアログから開く

テンプレートを利用する場合

·01·

スウォッチやシンボル、アートボードのサイズなど、引き継ぎたい内容を反映させたドキュメントを作成します。ここでは例として、名刺作成のためのドキュメントを印刷向けの設定で用意しました。アートボード上のオブジェクトやレイヤー構造も引き継がれますので、事前にきちんと整理しましょう **01**。

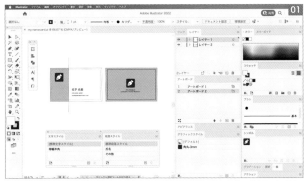

元となるドキュメントにはスウォッチやシンボルのほか、アートボード上にオブジェクトやガイドが含まれている

作業を効率化する

02
ドキュメントが整ったら［ファイル］メニューから［テンプレートとして保存］を選択し **01**、表示されたダイアログから好きな場所へ.ait形式で保存します。同じ［ファイル］メニューの［別名で保存］

または［複製を保存］で保存する場合は、［ファイル形式］で［Illustrator Template (ait)］を選ぶのを忘れないようにしましょう **02**。

03
作成したテンプレートから新たにドキュメントを作成するには、以下のいずれかの方法で.ait形式のファイルを開きます。

　・［ファイル］メニューから［テンプレートから新規］を選択して開く

・［ファイル］メニューの［新規］で表示される［新規ドキュメント］ダイアログの［詳細設定］ボタンをクリック **01** →［詳細設定］ダイアログの［テンプレート］をクリックして開く **02**
・Finderなどのファイルブラウザ上で.ait形式のファイルをダブルクリックして開く

［新規ドキュメント］ダイアログを使ってテンプレートを開いた例

04

元のファイルからスタイルなどの設定とアートボード上のオブジェクトを引き継いだ状態でドキュメントが作成され、すばやく作業が開始できます **01**。

.ait形式のファイルはどの方法で開いても必ず「名称未設定」の新規ドキュメントになります。.ai形式のファイルをそのままテンプレートとして扱うケースと異なり、上書きの心配がないのがメリットです。

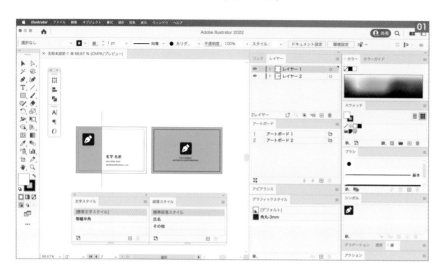

テンプレートの保存先

Point

[ファイル]メニューから[テンプレートとして保存]を選択すると、保存先としてデフォルトのテンプレートが保存されている階層 **01** が最初に開かれます **02**。ここはアプリケーションと同じ階層のため、macOS環境では **03** のようなアラートが表示されて保存ができないことがあります。この場合は、テンプレートファイルを一度他の場所へ保存してからFinderなどのファイルブラウザ上でコピー

し、パスワードを入力して保存する必要があります **04**。[ファイル]メニューから[テンプレートから新規]を選択したときもこの階層が最初に開かれるため、すばやくファイルにアクセスできるというメリットがありますが、その他の挙動は保存先がどこであっても同じです。デフォルトの保存先にこだわらず、ファイル管理のしやすいその他の場所へ保存しても問題ありません。

01

・macOS
アプリケーション→Adobe Illustrator 2023→Cool Extras→ja_JP→テンプレート

・Windows
Program Files→Adobe→Adobe Illustrator 2023→Cool Extras→ja_JP→テンプレート

「2023」の部分にはインストールされているIllustratorのバージョン名が入る

新規ドキュメントプロファイルを利用する場合

·01·

新規ドキュメントプロファイルを利用する場合も、テンプレートと同様に元となるドキュメントを用意する必要があります。スウォッチやシンボルなど、引き継ぎたい内容を反映させたドキュメントを用意しましょう。ここでは、先ほどテンプレート作成に使った印刷向けの名刺用ドキュメント「my-namecard.ai」で解説を進めます。体裁を整えたドキュメントは.ai形式で次の場所へ保存します **01** **02**。

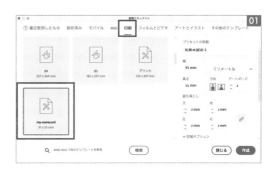

・**macOS**
ユーザ→［ユーザー名］→ライブラリ→Application Support→Adobe→Adobe Illustrator 27→ja_JP→
New Document Profiles

・**Windows**
ユーザー→［ユーザー名］→AppData→Roaming→Adobe→Adobe Illustrator 27 Settings→ja_JP→x64→
New Document Profiles

ドキュメントプロファイルの保存場所（「27」の部分にはインストールされているIllustratorのバージョンが入る）

※Mac環境の場合、ユーザーの「ライブラリ」フォルダはデフォルトで非表示のため、Finderの「移動」メニューでoptionキーを押すと表示される「ライブラリ」からアクセスする必要がある。

※Windows環境の場合も、「AppData」はデフォルトで「隠しファイル」となっているため非表示となっている。ホームフォルダを開き、Windows 11ではエクスプローラーの［表示］→［表示］→［隠しファイル］を選択、Windows 10ではエクスプローラーの［表示］タブの［隠しファイル］にチェックを入れると表示される。

·02·

［ファイル］メニューの［新規］で［新規ドキュメント］ダイアログを呼び出して［印刷］タブを確認してみましょう **01**。先ほど「New Document Profiles」フォルダに保存したドキュメントがプロファイルとして読み込まれているので選択します。ドキュメントのサイズなど、変更箇所があれば設定して［作成］をクリックしましょう。

·03·

アートボードは空の状態ですが、スウォッチやスタイル類を引き継いだ新規ドキュメントが作成されます **01**。新規ドキュメントプロファイルの場合は必ず［新規ドキュメント］ダイアログを経由するため、アートボードのサイズや枚数などをその都度自由に設定できるのがメリットです。

作業を効率化する

Chapter 3

Memo •

ここでは［印刷］タブでドキュメントプロファイルを選択しましたが、これは「New Document Profiles」フォルダ内に保存したドキュメントがどのプロファイルを元に作成されたかによって変わります。どのタブからアクセスするか迷う場合は、［新規ドキュメント］ダイアログの［詳細設定］**01** をクリックして［詳細設定］ダイアログ **02** を表示し、［プロファイル］のリスト **03** から選択するのがおすすめです。また、使用したプロファイルは［新規ドキュメント］ダイアログの［最近使用したもの］タブの［最近使用したアイテム］にも表示されるため **04**、ここからアクセスするのも方法のひとつです。

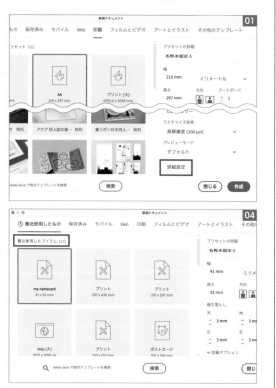

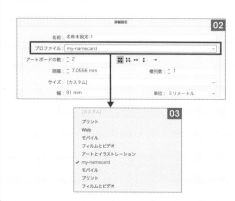

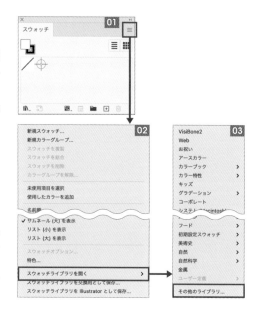

スウォッチやブラシなどの設定を個別に読み込む

·01·

すでに作成したドキュメントに対し、個別に設定を読み込むこともできます。別のドキュメントから参照して読み込めるのは以下のようなものです。

- スウォッチ（単一のカラー、グラデーション、パターン、カラーグループ）
- シンボル
- ブラシ
- グラフィックスタイル
- 文字スタイル
- 段落スタイル

ここではスウォッチパネル **01** からの読み込みを例に解説します。読み込み先のドキュメントを開いている状態で、スウォッチパネルメニューの［スウォッチライブラリを開く］から［その他のライブラリ］**02** **03** を選択します。

02 ダイアログで読み込み元のドキュメントを選択して［開く］をクリックすると **01**、そのドキュメントに保存されているスウォッチがパネルになって表示されます **02**。グローバルスウォッチ、パターン、グラデーションはスウォッチをクリックするだけで現在のドキュメントのスウォッチパネルへ読み込まれます。カラーグループはフォルダのアイコン部分のクリックでグループ全体が読み込まれます **03**。

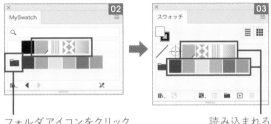

フォルダアイコンをクリック　　　　　　読み込まれる

03 ただし、グローバルスウォッチではない単一のカラーはクリックしても現在の線または塗りのカラーに反映されるのみで、スウォッチパネルへは読み込まれません。パネル間で直接スウォッチをドラッグ＆ドロップ **01** **02** するか、［新規スウォッチ］ボタンからあらためてスウォッチパネルへ登録し直す作業が必要です。

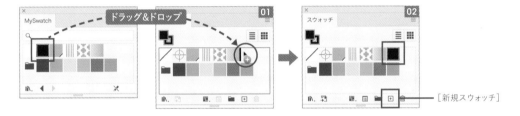

［新規スウォッチ］

04 スウォッチ以外の設定も、対応するパネルメニューの［○○ライブラリを開く］から［その他のライブラリ］を実行すれば既存のドキュメントからの読み込みが可能です。
文字スタイルと段落スタイルはそれぞれ別々に読み込むほか、まとめて一度に読み込むことも可能です。［段落スタイル］または［文字スタイル］どちらかのパネルメニュー **01** で［すべてのスタイルの読み込み］**02** を実行します。ダイアログで読み込み元のドキュメントを選択すればそれぞれのパネルに直接読み込まれます **03**。

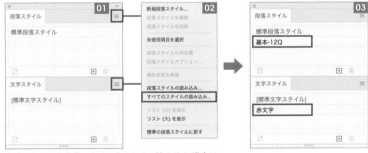

文字スタイルと段落スタイルをまとめて読み込む場合は
［すべてのスタイルの読み込み］を実行する

Chapter 3

07

カラーを一括で編集する

オブジェクトに適用している線や塗りのカラー、パターンや、ブラシ、シンボルに使われているカラーなど、色に関するあらゆる変更を行えるのが［オブジェクトを再配色］です。単純なカラー単位での変更だけでなく、特定のスウォッチへの色の置き換え、特定の色数へ減色するなど、レイアウトやイラスト作成で便利な処理が多数行えます。

［オブジェクトを再配色］を実行するには

01 ［オブジェクトを再配色］には複数箇所からアクセスできます。色の編集を行うオブジェクトを選択している状態で、次のいずれかの方法で実行しましょう。

- ［編集］メニューの［カラーを編集］から［オブジェクトを再配色］を選択する **01**
- プロパティパネルの［クイック操作］→［オブジェクトを再配色］をクリック **02**

- コントロールパネルの［オブジェクトを再配色］アイコンをクリック **03**

なお、コントロールパネルは初期設定のワークスペースでは表示されていません。利用する場合は［ウインドウ］メニューの［コントロール］で表示します。頻繁に利用する場合は、［編集］メニューの［カラーを編集］の［オブジェクトを再配色］にショートカットを設定するのもよいでしょう。

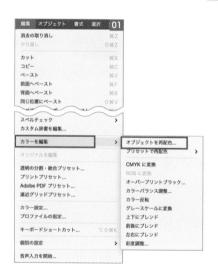

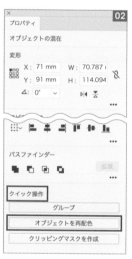

02 デフォルト設定で［オブジェクトを再配色］を実行すると、**01** のような簡易版のパネルが表示されます。画像からカラーを抽出する、カラーの重み付けを変更するなどのAdobe Sensei（人工知能）の技術を使った処理や、カラーホイールを使った色の変更が行えますが、正確なカラーの編集作業には向きません。印刷向けドキュメントなどでカラー値を厳密に管理するような場合は、［詳細オプション］をクリックして詳細ダイアログ **02** に切り替えて、［起動時に「詳細オブジェクトを再配色」ダイアログを開く］をオンにするのがおすすめです。次回以降この機能を利用するときは、初めから詳細版のダイアログが表示されます。

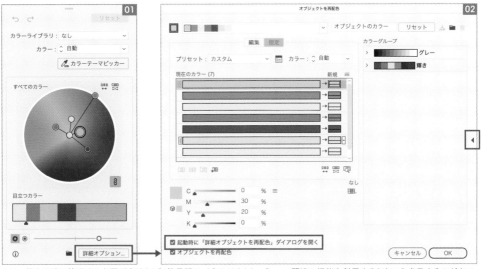

カラー値を正確に管理する必要が多ければ、簡易版のパネルはAdobe Sensei関連の機能を利用するときのみ表示するのがよい。また、詳細版のダイアログでは、右端の◀をクリックすると［カラーグループ］をたたんで非表示にできる

Memo •

　　［オブジェクトを再配色］はカラーガイドパネル **01** の［カラーを編集］**02** でも呼び出すことができますが、その他の方法で実行した場合と挙動が異なるため注意が必要です。ここから実行した場合は、カラーガイドパネルに表示されたハーモニールールが選択オブジェクトに反映された状態 **03** **04** で［オブジェクトを再配色］のダイアログ **05** が開かれます。

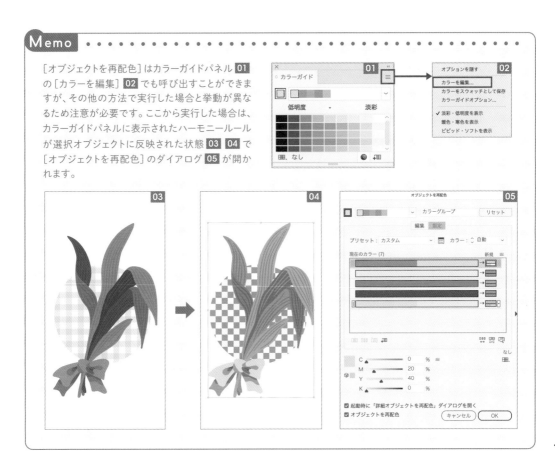

作業を効率化する

Chapter 3

143

カラー単位で編集する

01 **01** のようなイラストを例に、[オブジェクトを再配色]でカラーを編集してみましょう。イラストのオブジェクト全体を選択し、[オブジェクトを再配色]を実行して詳細ダイアログ **02** を呼び出します。初めに表示される[指定]タブでは、オブジェクトで使用しているカラーが[現在のカラー]に並んでいます。ここではスライダーを使ったカラー値の編集のほか、カラーの入れ替えや減色など、カラー単位の細かな操作が可能です。線や塗りだけでなく、パターンやブラシ、効果に使われているカラーなどもここでまとめて編集を行えます。

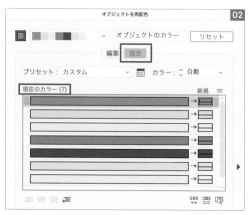

02 詳細ダイアログ **01** の[現在のカラー]で編集したいカラーをクリックで選択すると①、ダイアログ下部のカラースライダーで正確に色を調整できます②。カラースライダーの右上横のメニューではその他のカラーモデルを変更できるほか、[色調整]も選択できます **02** **03**。彩度や明度を基準にカラー変更したいときに活用するとよいでしょう。「現在のカラー」の「新規」の列に表示されているカラーはドラッグ＆ドロップ③で入れ替えることが可能です **04**。

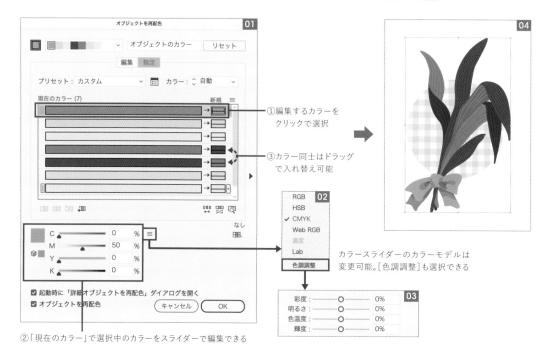

①編集するカラーをクリックで選択

③カラー同士はドラッグで入れ替え可能

カラースライダーのカラーモデルは変更可能。[色調整]も選択できる

②「現在のカラー」で選択中のカラーをスライダーで編集できる

減色してグローバルスウォッチをあてる

01
[オブジェクトを再配色] の [指定] タブではカラー数を減らして、特色などのグローバルスウォッチを適用することができます。
ここでは、CMYK4色で描かれたイラスト **01** をグローバルスウォッチ1色に変換するケースを例に解説します。

まずは置き換えたいカラーのスウォッチを用意しましょう。スウォッチパネルで [新規スウォッチ] をクリックし、ダイアログで好きなカラーを設定します。**02** の例ではブルー系のカラーを設定しました。[グローバル] のチェックをオンにして [OK] をクリックし、スウォッチへ登録します **03** 。

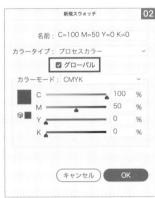

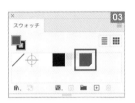

02
カラーを変換したいイラストオブジェクトを選択して、[オブジェクトを再配色] の詳細ダイアログを呼び出します **01** 。[カラー] をクリックしてリストで [1] を選択すると **02** 、現在使われているカラーがすべて1色にまとめられます。[新規] の列でカラーのサムネイルをダブルクリックして [カラーピッカー] ダイアログ **03** を表示し、[スウォッ

チ] をクリックして表示を切り替えます。スウォッチに登録済みのカラーを選択できるようになっていますので、先ほどグローバルスウォッチとして登録したカラーを選び、[OK] をクリックしましょう。1色にまとめられたカラーにスウォッチが適用されます **04** 。

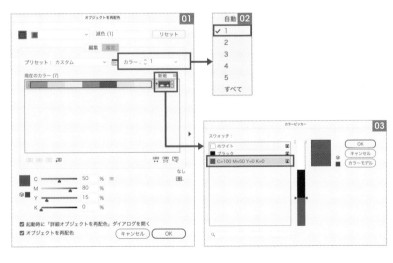

Chapter 3

145

03

プレビューを確認して、色味が気になる場合はさらに調整しましょう。グローバルスウォッチの場合はカラースライダーのメニューから［濃度］を選択できます 01 02 。

ここでは全体の最大濃度を「60%」に変更し 03 、［OK］をクリックしてカラーの編集を終了しました 04 。

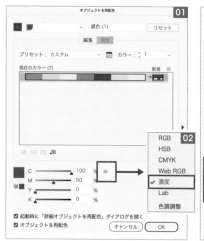
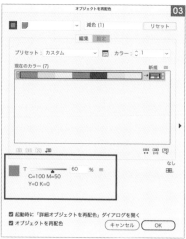

04

同様の方法で、CMYK4色のイラストをスミ1色にする、指定された特色スウォッチ2色にするといった処理も可能です。加えて、［現在のカラー］の列にあるカラー同士はドラッグ＆ドロップで自由に移動することができます 01 02 。［カラー］の数を変更したときのプレビュー結果がイメージと違う場合には、このような操作で微調整してもよいでしょう 03 。

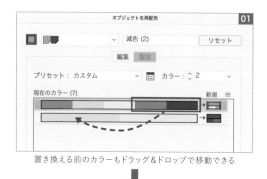

置き換える前のカラーもドラッグ＆ドロップで移動できる

05

［カラー］の数を変更したとき、白や黒のカラーが変換対象から外れてそのままになってしまうことがあります 01 02 03 。
この場合は［プリセット］の右隣にある［配色オプション］ 04 でダイアログを呼び出し、［保持］の項目を確認してみましょう 05 。このオプションは［ホワイト］［ブラック］［グレー］の3つの無

彩色を保持するかどうかを設定するものです。これらの無彩色も変換の対象にしたい場合はここでチェックをオフにしましょう。この設定はIllustratorを終了するまで保持されます 06 07 。
［現在のカラー］で白や黒のカラーを直接ドラッグ＆ドロップして変換対象にする方法もありますが、オプションと異なり、設定が保持されない点

や、ドラッグ時の操作漏れなどに注意が必要です。特に無彩色はテキストや「ドロップシャドウ」効果などで使われることが多いカラーのため、印刷用途で色数を絞るようなケースでは確実に処理する必要があります。

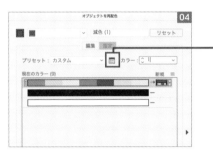

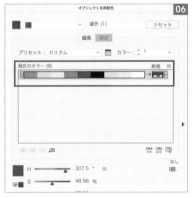

カラーホイールでカラーを一括編集する

01 [編集]タブでのカラー編集にはカラーホイールを使用します（次ページ **01** ）。デフォルトで有効になっている[ハーモニーカラーのリンク]①を利用すると、ホイール上の相関関係を保ったまま全体の色味を変更できるのがこの[編集]タブの最大の特徴です。リンクが有効な状態でカラーを選択し②、ホイール上のカラーを直接ドラッグすると③、ドラッグ後の位置に応じて全体のカラーが変わります **02** 。ホイール上のドラッグ操作ではなく、[指定]タブと同様にカラースライダーでカラー値を正確に指定することも可能です④。全体の明度／彩度を変更したい場合はホイール下のスライダー⑤で切り替え／編集しましょう **03** 。

③ドラッグでカラーを変更　②編集するカラーをクリックで選択　⑤明度または彩度を変更できる

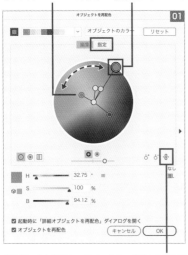 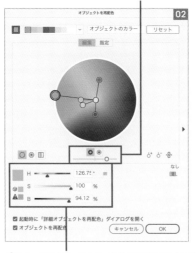 

①デフォルトではハーモニーカラーのリンクが有効　④カラースライダーでカラー値を指定することも可能

再配色実行時の注意

Attention

[編集]タブでは色相を大きく動かすダイナミックなカラー編集が可能ですが、変更結果のカラーが中途半端な数値になるケースがあります。編集の仕方によっては、4色に割れたブラックを生成したり、指定されたTAC値（総インキ量）を超えたり、意図していないカラーが適用される可能性があります 01 02 03 。印刷用途のドキュメント作成時など、カラー値を正確にコントロールする必要があるケースでは、再配色の実行後にカラー値を確認する癖をつけましょう。

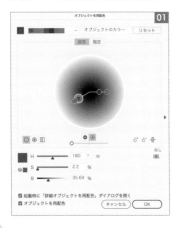  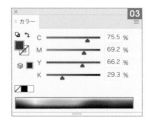

[編集]タブでグレースケール風に変換したが、1色のデータとしては不適切な例

ハーモニールールで色を編集する

01 [オブジェクトを再配色]では、ハーモニールールを利用したカラーの一括変更も可能です。[編集][指定]どちらのタブでも可能ですが、ここではカラー同士の関係性がわかりやすい[編集]タブで実行してみましょう 01 02 。
カラーホイール上でカラーをひとつ選択し①、左上のカラーのサムネイル部分をクリックしましょ

う②。これで選択中のカラーがハーモニールールのベースカラーに設定されます。[ハーモニールール]をクリックすると③、ベースカラーに基づいた配色がリスト表示されています 03 。好きな組み合わせをクリックして選択すると、現在選択中のオブジェクトのカラーがハーモニールールに合わせて変更されます 04 05 。

②クリックして選択中のカラーをベースカラーに設定

③クリックしてハーモニールールを選択

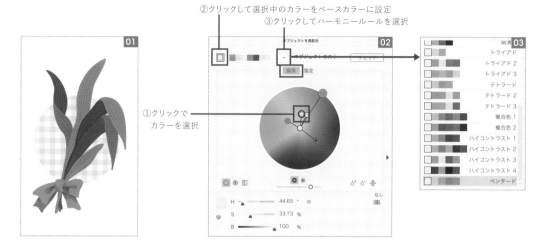

①クリックで
カラーを選択

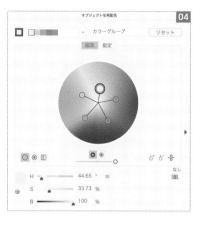

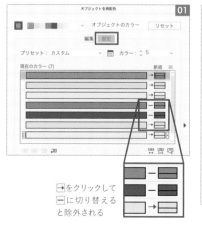

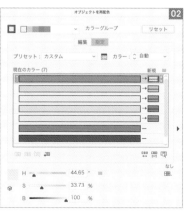

02 このとき、変更したくないカラーがある場合は、[指定]タブ **01** で[現在のカラー]と[新規]の間に表示されている→をクリックして−にしましょう。−に切り替えたカラーは変換の対象から除外され、ハーモニールールの適用後も元のカラーをそのまま保持できます。もう一度クリックすれば−から→へ戻ります **02** **03** 。

この→から−への切り替えはその他の操作でも有効です。[編集]タブのカラーホイールでのカラー変更や、[カラー]で色数を指定して減色する際など、変更したくないカラーがある場合は事前に[指定]タブで−に切り替えれば対象から除外できます。

→をクリックして
−に切り替える
と除外される

08

シンボルでパーツをまとめて変更する

レイアウト中に何度も使用するパーツはシンボルインスタンスとして配置しましょう。マスターと配置したインスタンス間には親子関係があり、簡単に修正や置き換えを反映させることができます。

シンボルの作成／更新で一括修正に対応する

01 ここでは、マップのレイアウトで繰り返し使用するアイコンをシンボルに登録し、シンボルインスタンスとして配置するケースを例に解説します。アイコンとして使用したいグラフィックを選択している状態で **01**、シンボルパネルの[新規シンボル]をクリックします **02**。または、グラフィックを直接パネルへドラッグ＆ドロップしてもかまいません。[シンボルオプション]ダイアログが表示されますので、[名前]にわかりやすい名称を入力しましょう。

[シンボルの種類]では[スタティックシンボル]を選択するのがおすすめです **03**。[OK]をクリックしてダイアログを閉じると、グラフィックがシンボルとして登録されます **04**。

なお、新規シンボルを作成する際、リンク画像が含まれていると、アラートダイアログが表示されてシンボルへの登録ができません **05**。画像を含めたい場合は、リンク画像を埋め込んでから登録作業を行いましょう。

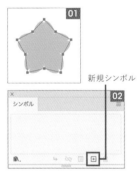

新規シンボル

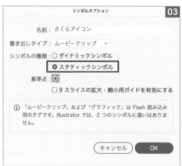

02 先ほど登録したシンボルをシンボルパネルからアートボード上へドラッグ＆ドロップし、インスタンスとして配置します。ここでは **01** のようなマップのレイアウト上に配置しました **02**。通常のオブジェクトと同様、インスタンスの大きさや角度などを変更しても問題ありません。

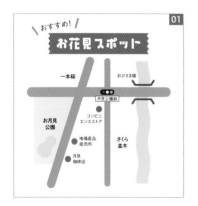

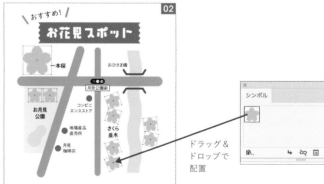

ドラッグ＆ドロップで配置

03

この時点で、シンボルに登録したオブジェクトとレイアウト上に配置したインスタンス間には親子関係ができています。シンボルを更新して、インスタンスを一括修正してみましょう。

シンボルを編集するには、シンボルパネル上でサムネイルをダブルクリックします **01**。画面上部にグレーの編集モードバーが表示されてシンボル編集モードに切り替わったら **02**、グラフィックに自由に変更を加えましょう。ここでは、桜の花の中央に **03** のようなパーツを追加しました。編集が完了したら、編集モードバー左端の［シンボル編集モードを解除］をクリックまたはescキーを押すなどして編集モードを終了しましょう。大きさや角度の変更などは保持したまま、すべてのインスタンスがまとめて更新されます **04**。

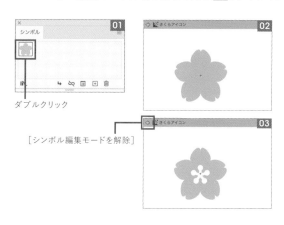

ダブルクリック

［シンボル編集モードを解除］

·04·

シンボルを編集した時に修正を反映させたくないインスタンスがある場合は、事前にリンクを解除しましょう。リンクを解除したいインスタンスを選択している状態で、シンボルパネルメニューの［シンボルへのリンクを解除］**01** を選択するか、コントロールパネルの［リンクを解除］ボタン **02** をクリックします。

別のシンボルに置き換える

01

シンボル同士は置き換えも可能です。修正による更新ではなく、まったく違うものに変更したいケースで便利な方法です。

すでに配置しているシンボルの他に、置き換えに使用するシンボルを用意しましょう。ここでは、デザインの異なる桜のイラストをスタティックシンボルに登録しました **01**。

置き換えて変更したいシンボルインスタンスを選択します。配置済みのインスタンスすべてを変更したい場合は、シンボルパネル上でシンボルを選び **02**、パネルメニューから［すべてのインスタンスを選択］を実行しましょう **03**。

ロックまたは非表示のものを除いたすべてのインスタンスが選択されます **04**。

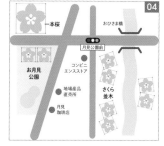

作業を効率化する

Chapter 3

151

02 インスタンスを選択したまま、シンボルパネルで 置き換えたいシンボルをクリックして選択しましょう 01。パネルメニューから［シンボルを置換］を 選択すると 02、選択中のインスタンスがすべて 置き換わります 03。

03 シンボルの置き換えはコントロールパネルでも 実行できます。インスタンスを選んでいる状態で ［インスタンスを別のシンボルに置き換え］をク リックしましょう 01。表示されたパネルから置き 換えたいシンボルを選択すれば 02、スムーズに 置き換えができます。

インスタンスを別のシンボルに置き換え

置き換えたいシンボルを選択

Memo

シンボルの置き換えはシンボルスプレー ツール 01 で作成したシンボルセット 02 でも有効です。シンボルセットを選択してい る状態で、シンボルパネルから置き換えの 操作を行いましょう。その他のシンボルツー ルでシンボルに加えた変更は活かしたまま、 インスタンスだけが変更されます 03。

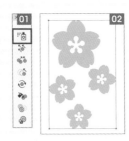

ダイナミックシンボルの注意点

シンボルの作成時、シンボルの種類に「ダイナミック シンボル」と「スタティックシンボル」のどちらかを選 べるようになっています 01。ダイアログでのデフォ ルト設定はダイナミックシンボルですが、こちらは取 り扱いに注意が必要なタイプのシンボルです。 ダイナミックシンボルも登録したシンボルとインスタ ンスとの間で親子関係を作ることが可能で、シンボル としての基本的な機能はスタティックシンボルとほぼ 同じです 02。唯一異なるのが、ダイナミックシンボ

ルのインスタンスはパーツごとにアピアランスを変更 できるという点です。 スタティックシンボルをダイレクト選択ツールでクリッ クするとインスタンス全体が選ばれるのみですが 03 04、ダイナミックシンボルの場合はインスタンスに含 まれているパーツを個別に選ぶことができます 05 06。選択したパーツには、カラーの変更や効果の追 加など、アピアランスに関するさまざまな変更を加え られます 07 〜 09。

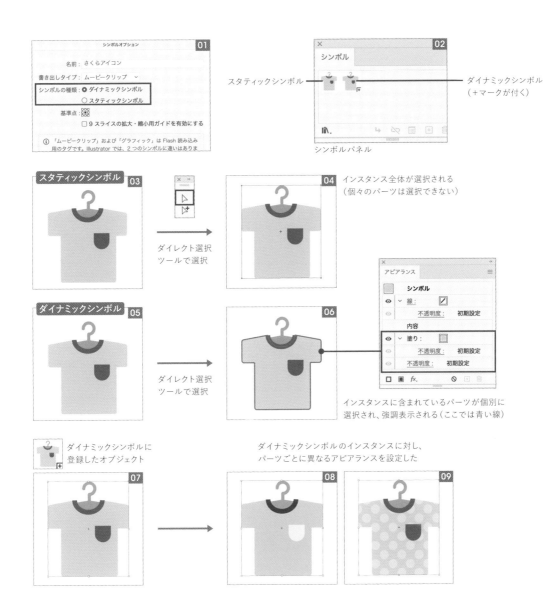

01 シンボルオプション

名前：さくらアイコン
書き出しタイプ：ムービークリップ ∨
シンボルの種類：◉ ダイナミックシンボル
　　　　　　　　○ スタティックシンボル
基準点：
□ 9 スライスの拡大・縮小用ガイドを有効にする
ⓘ 「ムービークリップ」および「グラフィック」は Flash 読み込み
　用のタグです。Illustrator では、2 つのシンボルに違いはありま

02 シンボル

スタティックシンボル　　　　　　　　　　　　　　　　　　ダイナミックシンボル
　　　　　　　　　　　　　　　　　　　　　　　　　　　　（+マークが付く）

シンボルパネル

スタティックシンボル **03**

ダイレクト選択
ツールで選択

04　インスタンス全体が選択される
　　　（個々のパーツは選択できない）

アピアランス

　　シンボル
👁 ∨ 線：
　　　　不透明度：　初期設定
　　内容
👁 ∨ 塗り：
　　　　不透明度：　初期設定
　　　　不透明度：　初期設定

ダイナミックシンボル **05**

ダイレクト選択
ツールで選択

06

インスタンスに含まれているパーツが個別に
選択され、強調表示される（ここでは青い線）

ダイナミックシンボルに
登録したオブジェクト

ダイナミックシンボルのインスタンスに対し、
パーツごとに異なるアピアランスを設定した

07 **08** **09**

● ダイナミックシンボル更新時の注意 ●

ダイナミックシンボルのインスタンスでパーツごとに
編集を加えている場合、取り扱いに注意したいポイン
トが2つあります。

ひとつはダイナミックシンボルの更新時です。パーツ
の追加／削除などでシンボルを更新すると、インスタ
ンス側の変更を保ったまま更新が反映されるのが基
本ですが、特定の操作ではインスタンスに修正が反
映されなかったり、個別に加えた変更が破棄されたり
します。シンボルの更新時に注意したい操作は次の
とおりです。更新前に必ず確認しましょう。

シンボルの更新がインスタンスへ反映される操作
- パーツの追加／削除（次ページ **01** ）
- 変形（拡大・縮小、移動など）
- アンカーポイントの移動／再編集（ハンドルの長
  さを変える、コーナーポイントに切り替えるなど）
- ライブシェイプ、ライブコーナーなどのプロパティ
  変更

シンボルの更新時に避けたい操作
- オブジェクトのアピアランスの変更 **02**
- アンカーポイントの追加／削除 **03**

作業を効率化する

Chapter 3

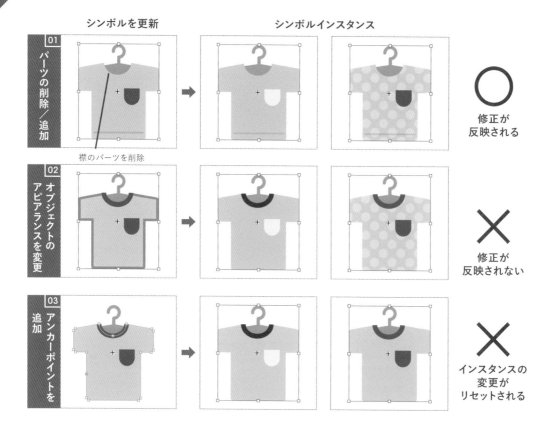

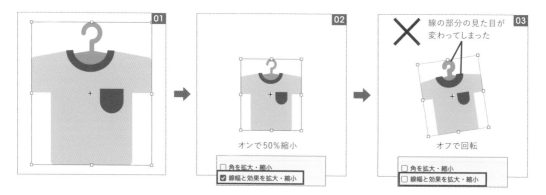

● [線幅と効果を拡大・縮小] に注意 ●

もうひとつ注意したいのが、ダイナミックシンボルのインスタンスの拡大／縮小と、変形パネルなどで切り替えられる [線幅と効果を拡大・縮小] の関係性です。ダイナミックシンボルのインスタンスの場合、[線幅と効果を拡大・縮小] の状態によって拡大／縮小の結果が変わりますが、この点は通常のオブジェクトと同様です。特に注意が必要なのは、インスタンスの変形後に [線幅と効果を拡大・縮小] のオン／オフを切り替えるケースです。

01 の例では、もとのシンボルに線を使って表現している部分があります。オプションをオンの状態で縮小し 02 、その後オフに切り替えてその他の変形処理を加えると、線の部分の見た目が大きく変わってしまいます 03 。[線幅と効果を拡大・縮小] のオン／オフを切り替えながら使っている場合は特に混乱しやすいため、気をつけて作業しなければいけません。

トラブルを回避するためにも、[シンボルの種類] で [ダイナミックシンボル] を選択するのはその機能が必要なときだけにしましょう。意図してダイナミックシンボルを扱うケースでは、[線幅と効果を拡大・縮小] のチェックを切り替える際にはドキュメントの体裁に影響がないか確認する、インスタンスは変形せずに利用するなど、ダイナミックシンボルへ登録したオブジェクトの状態に合わせた対策が必要です。

媒体別データ作成のポイント

Chapter4

01

印刷媒体で注意するポイント

印刷物の制作には、トンボ、塗り足し（裁ち落とし）、面付け、オーバープリントなど、一般のプリンタ印刷とは異なる約束事、設定が多くあります。Illustratorは印刷物制作に必要な機能を備えています。

新規書類作成時の設定

［ファイル］メニューから［新規］（command〔Ctrl〕+N）を選択すると、［新規ドキュメント］ダイアログが表示されます 01 。

ダイアログ上部の［モバイル］［Web］［印刷］などのカテゴリーから制作する媒体を選択します 02 。

ダイアログ右側の［プリセットの詳細］を見ると媒体ごとに単位やカラーモード、解像度などが、制作物に適した設定に切り替わります 03 。

制作媒体を決めたら［プリセットの詳細］の［詳細設定］をクリックして、［詳細設定］のダイアログでアートボードのサイズを入力します。印刷物を制作する場合、印刷の都合上、仕上がりサイズよりも大きいサイズを入力します。たとえば仕上がりサイズがA4の場合は、それより大きいサイズ（B4など）の数値を入力します 04 。

アートボードのサイズを入力したら任意でファイル名を入力し、［ドキュメント作成］をクリックすると、新規ドキュメントが表示されます 05 。

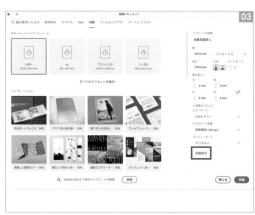

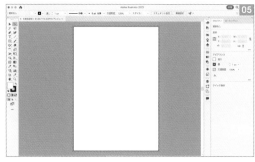

トンボ（トリムマーク）

印刷物の断裁位置や印刷時にインクの刷り位置を合わせる目印となるマークのことを「トンボ（トリムマーク）」といいます **01**。

内側のトンボを「内トンボ」、外側を「外トンボ」といいます。内トンボは断裁位置を示していて、これが仕上がりサイズになります **02**。

外トンボは、裁ち落とし（塗り足し）部分を指します。「裁ち落とし（塗り足し）」とは、仕上がりサイズに対して紙面一杯に絵柄を配置したい場合に、仕上がりサイズよりも3mm大きめに絵柄を配置する余分な領域を指します。この余分な領域があること

によって、断裁時に紙色が現れることなくきれいに仕上がります **03** **04**。

トンボは、インクの刷り位置を合わせる目印として使用されるので、4色印刷の場合、基本的にC（シアン）、M（マゼンタ）、Y（イエロー）、K（ブラック）のすべての色が100％になっています **05**。モノクロ印刷などでは、トンボのカラーはK100％となります **06**。トンボを作成する際は、印刷で使用する色数に合わせましょう **07**（レジストレーションを使用する方法もあります→P.188参照）。

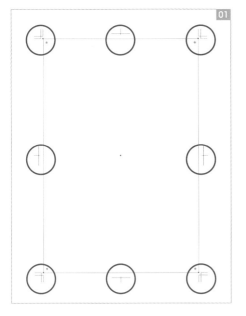

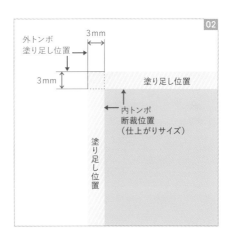

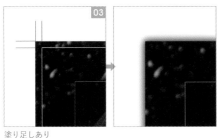

塗り足しあり

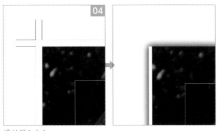

塗り足しなし

「4色印刷」の場合のトンボのカラー設定

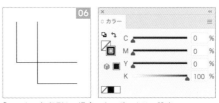

「モノクロ色印刷」の場合のトンボのカラー設定

「C＋Yの2色印刷」の場合のトンボのカラー設定

Chapter 4

仕上がりサイズと塗り足しサイズ

「仕上がりサイズ」とは文字通り、印刷物の仕上がりサイズを指します。印刷物は通常、コピー機のように仕上がりサイズの紙に印刷されるのではなく、大きな紙に制作物を複数配置して印刷され  01 、その後、仕上がりサイズに断裁して納品されます。

断裁は、印刷の都合上、複数枚の紙を重ねて行います 02 。その際、わずかなズレが生じて、紙色が見えてしまう恐れがあります。それを防ぐために、

印刷物を制作する際は、仕上がりサイズよりも上下左右3mmずつ、はみ出させたサイズでデザインを行い、そのサイズを「塗り足しサイズ」と言います 03 （前項「新規書類作成時の設定」参照）。

また、断裁時のズレが生じる恐れがあるため、文字やロゴなど切れてはいけないデザイン要素はすべて、仕上がりサイズよりも上下左右3mm以上ずつ内側に配置するようにします 04 。

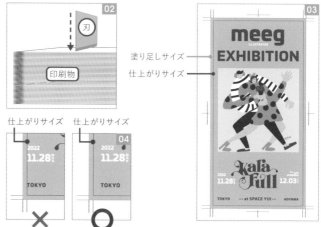

CMYKとRGB

Illustratorのカラーモードには、「CMYK」と「RGB」がありますが、印刷物を作成する場合のカラーモードはCMYKであることが鉄則です。

CMYKは、C=シアン、M=マゼンタ、Y=イエロー、K=ブラックの4色のインクで再現できるカラーモードで、印刷物を制作する際に用いられます。

RGBは、R=レッド、G=グリーン、B=ブルーの光で再現されるカラーモードで、Web や動画などモニターで再現されるカラーモードになります 01 。

RGBはCMYKよりも色の再現幅が広いので、

RGBからCMYKに変換すると、CMYKでは再現できない色が出てくるといった問題が発生するので、必ず最初にカラーモードをチェックしておくことが重要です 02 。

カラーモードは、[新規ドキュメント]ダイアログの[プリセットの詳細]で選択できます 03 。途中で変えたい場合は、[ファイル]メニューの[ドキュメントのカラーモード]で変更できます。

色を作る際も、カラーパネルのCMYKモードを使用しましょう 04 。

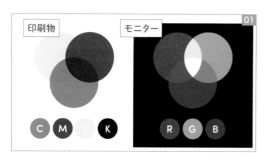

上図は認識しやすいように加工しているが、一般にCMYKはRGBよりも暗く再現される

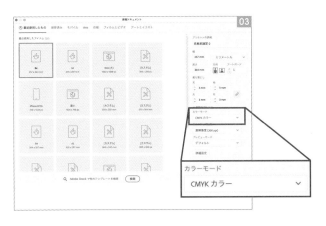

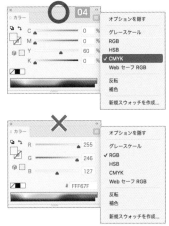

画像解像度とは

　デザインをする上で、画像解像度を理解することは非常に重要です。画像解像度とは、画像の精細さを表す数値で、一般的には「dpi」を使用します。画像解像度は、制作媒体によって異なり、ディスプレイで閲覧するWebや動画などは72〜96dpi、印刷物で使用される画像像解像度は300〜400dpiが基準となり、dpiの数値が大きいと「解像度が高い」数値が小さいと「解像度が低い」と表現されます。

　印刷物の場合、配置されている画像解像度が低いと画像が荒れてきれいに再現できません 01 02 。

　一方で、Webや動画の場合、解像度が高いと読み込み速度に時間がかかり、スムーズに閲覧できません。

　解像度は1インチの幅に入るドットの数（dpi＝dot per inch）を示しています。画像解像度を満たしていても、画像を引き伸ばしたりするとドットが崩れ解像度が荒れてしまいます 03 。デザインを行う際は媒体を問わず、使用する画像サイズが実寸で画像解像度の基準を満たしているかを確認しておきましょう。

画像解像度が低い

画像解像度が高い

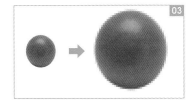

画像解像度が基準を満たしていても、大きく引き伸ばすとドットが崩れ画像が荒れてしまう。印刷で使用する画像は、実寸で300〜400dpiのものを用意しよう

画像のリンク

　Illustratorに画像を配置する方法は、「リンク配置」と「埋め込み配置」の2つの方法があり（次ページ 01 ）、それぞれ特性が異なります。画像の配置方法で入稿時に必要となるデータも異なります。

　画像の「リンク配置」とは、Illustrator上に配置した画像と配置画像ファイルを接続して配置されている状態を指します 02 。メリットとして、Illustrator

のデータ量が軽くなり、スムーズに作業が行え、また配置された画像の元ファイルを編集した場合、リンクを更新するだけで即座に編集内容を反映させることが可能です。

　注意点として、画像の元ファイルの保存先やファイル名を変えると、リンク（接続）先が不明になり、「リンク切れ」が起きます 03 。そのため、入稿時に

は、Illustratorデータとリンク画像を同じフォルダー内まとめておく必要があります 。

一方、「埋め込み配置」は、文字通りIllustrator上に画像データが埋め込まれた状態を指します。それだけデータ量が増えて重くなります。また、元ファイルを編集しても配置された画像には反映されません。メリットとしては、入稿時にIllustratorデータのみで済むので、リンク画像がないなどのトラブルを防げます 。

リンクにチェックを入れると「リンク配置」、入れないと「埋め込み配置」になる

リンク配置は、外部の画像ファイルを接続している状態なので、元ファイルの作成アプリで編集すると、その内容を更新できる。画像ファイルそのものを取り込んでいるわけではないので、その分、Illustratorドキュメントのデータ容量も軽くなる

画像の「保存」やファイル名を変えるとリンク（接続）先が不明になり、「リンク切れ」になる

入稿時やファイルを移動させる際は必ずIllustratorデータとリンク画像を同じフォルダー内まとめておく必要がある

「埋め込み配置」は、Illustratorに画像データを埋め込むので、元ファイルを編集してもIllustratorには反映されない。また、Illustratorドキュメントのデータ容量が重たくなる

ノックアウトとオーバープリント

印刷には「ノックアウト（抜き合わせ）」と「オーバープリント」の2種類があります。ノックアウトとは、色同士が混ざらないように、色が重なる部分には色をつけないで印刷する方法で、「抜き合わせ」とも呼ばれます 。

一方、オーバープリントとは、色面の上に、色を重ねて印刷する方法で「ノセ」とも呼ばれます 。オーバープリントは色同士が混ざり合うので、意図しない仕上がりになる場合があります。そのため、初期設定ではオーバープリントの指定はオフに

なっていますが、念のため、入稿作業を行う際は意図しない箇所にオーバープリントが設定されていないか確認しておきましょう。確認は、［ウィンドウ］の［属性］で表示されるパネルで行えます  。

オーバープリントは絵柄や色地に、黒色の文字などを載せる場合に活用されます。色同士を重ねるので、版ズレを回避できます 。

オーバープリントで黒色を使用する場合は、K100％（スミベタ）だと背景の色が透けるので、「C5％、M5％、Y5％、K100％」のようにCMYの色

を少し足すと美しく仕上がります 05 。4色を掛け合わせた黒を「リッチブラック」といい、K100%（スミベタ）よりも美しいのですが、細かい文字では、版ズレの危険性があるので使用は避けてください。また、インク濃度を「C40%、M40%、Y40%、K100%」以上にすると、インクの乾きが遅く、裏移りする場合もあるので、使用する際は、印刷業者に相談したほうがよいでしょう。

ノックアウト（抜き合わせ）

オーバープリント

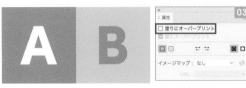

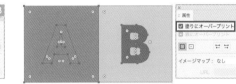

（左）[オーバープリント]オフ（右）同オン。色地に黒文字を載せる際は、オーバープリントにしたほうが、版ズレがなく、きれいに出力される

（左）K100%。背景が若干透ける。（右）K100%にC・M・Yの色を少し足すときれいに印刷される

▷ 面付け

「面付け」は通常は印刷会社で行う作業ですが、色校正などで目にする機会があるので、知識として理解しておきましょう。

　面付けとは冊子や本など複数ページある印刷物を制作する際に行う印刷工程の一つです。印刷機で行う印刷は、コピー機のように1ページずつ印刷するのではなく、複数ページを1枚の大きな紙に並べて印刷し、それを決まった折り方で折り進めると、ページ順に並びます。折った際にきちんとページ順に並ぶように1枚の紙にページを配置する方法を面付けといいます 01 。

　また、面付けは綴じる方向（左か右か）や折るページ数、製本方法などで変わってきます。

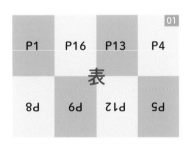

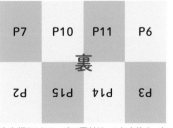

中右綴じ16ページの面付け。これを決まった方法で折進めると右開き中綴じ16ページの冊子の形状になる

特色（スポットカラー）

　印刷で使用するインクには、通常使用されるC（シアン）、M（マゼンタ）、Y（イエロー）、K（ブラック）の計4色の「プロセスカラー」 **01** と、あらかじめ調合された色の「特色（スポットカラー）」 **02** があります。通常の4色印刷時に特色が含まれていると、その部分の色が置き換わったり白く抜け落ちたりしてうまく出力されません。そのため、4色印刷の場合は、入稿データに特色が含まれていないか確認が必要です **03** **04** 。

　特色は、使用する色数が1〜3色や金色や銀色などの特殊なカラーを使用する場合に使用します **05** 。色数が1〜3色の場合は版の数が少なくなるので、印刷コストを抑えられますが、4色印刷に特殊な色の特色を追加すると版の数が増えるので印刷コストが上がります **06** 。特色を使用するには、［ウィンドウ］メニューの［スウォッチライブラリー］→［カラーブック］のサブメニューから好みのメーカーのカラーライブラリを選択します。さまざまな規格がありますが、一般的には、PANTONEやDICなどから色を選択します。

通常の4色印刷で使用するインク

あらかじめ調合されたインクが特色

特色を使用しているときのカラーパネルの表示

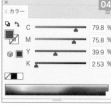

4色指定のカラーパネルの表示

黒＋特色

4色＋金（特色）

印刷の色数

　印刷の色数とは、印刷時に使用するインクの数を指し、印刷では、「使用するインクの数＝版の数」と考えます。主に、C（シアン）、M（マゼンタ）、Y（イエロー、K（ブラック）の4色（4版）を使う4色印刷や、Kあるいは特色（スポットカラー）のみを使う1色印刷（1版）、K＋特色などを使った2色印刷（2版）などがあり、版の数で使用するインクの数が変わります **01** 。

　入稿の際に、入稿データに印刷で使用するインク以外のインクが含まれていると、印刷エラーが生じます。

　Illustratorでは、分版プレビューパネルで印刷の色数をチェックできます（［ウィンドウ］メニュー→［分版プレビュー］）。［オーバープリントプレビュー］と［使用している特色のみを表示］にチェックを入れると、実際に使用している色数を確認でき

ます **02** **03** 。データに特色が使用されている場合は、CMYKに追加で表示されます **04** 。意図しない特色が入っている場合は、印刷時にエラーが出るので再度データのチェックが必要です。

4色印刷や特色を使わない1
色印刷の場合はCMYKのみ表
示される

特色が使用されている場合は
CMYKと特色が表示される

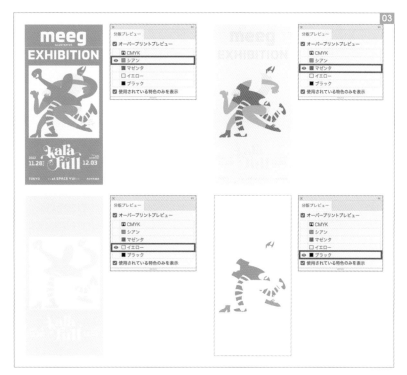

データの保存形式

印刷媒体のデータ保存形式は、一般的に「.ai（AI形式）」で保存します。.aiはIllustratorの作業情報を保持した編集可能な保存形式で、データ容量も軽くできます。

［ファイル］メニューの［別名で保存］を選択すると表示される［別名で保存］ダイアログ 01 で［ファイル形式］から［Adobe Illustrator（ai）］を選択し、保存先を指定して［保存］をクリックすると、［Illustratorオプション］ダイアログ 02 が表示されます。

［PDF互換ファイルを作成］と［圧縮を使用］に

チェックを入れ、［OK］をクリックします。

また、デザイン案などを確認用で先方に送る場合に便利なのが、容量の軽いPDFデータです。

前述の［別名で保存］ダイアログで［ファイル形式］から［Adobe PDF（pdf）］を選択し、保存先を指定して［保存］をクリックすると、［Adobe PDFを保存］ダイアログ（次ページ 03 ）が表示されます。

［Adobe PDF プリセット］で［高品質印刷］を選択し、［Web表示用に最適化］にチェックを入れて、［PDFを保存］をクリックすると、容量の軽いPDFデータが作成されます。

「"」「;」「.」「*」「/」「?」「<」「>」「|」といった特殊文字は文字化けなど
のトラブルの元になるのでファイル名には使用しないこと

文字のアウトライン化

文字のアウトライン化とは、文字を「図形化」することで 01 、入稿時に行う必須の作業です。ドキュメントで使用されているフォントが、使用機種のシステムにインストールされていない場合、Illustratorはシステムにインストールされているフォントに置き換えるので、意図しないデザインになってしまいます 02 。文字をアウトライン化して図形に変換することで、このようなトラブルを起こさずに、ファイルを開くことができるようになります。

印刷する際は、使用しているフォントをすべてアウトライン化します。ただし、アウトライン化したデータは、文言や書式などの変更はできなくなるの

で、必ず「別名で保存」しておきましょう 03 。

文字を一括でアウトライン化する場合は、まず[選択]メニューから[すべてを選択]を選択して、すべてのオブジェクトを選択してから、[書式]メニューの[アウトラインを作成]を選択します 04 。

すべての文字がアウトライン化されたことを確認するには、[書式]メニューの[フォントの検索と置換]を選択します。[フォントの検索と置換]ダイアログの[ドキュメントフォント]に何も記載されてなければ、使用フォントはなく、すべてアウトライン化されていることになります 05 。

（上）書体が設定された文字。（下）アウトライン化して図形に変換した

（左）元データ。（右）使用フォントがインストールされていないと、意図しないフォントに置き換わる

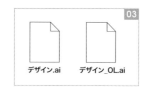

アウトライン化したデータは、元データとは別に保存しておく。「_OL」などわかりやすい接尾辞をつけておくとよい

（上）アウトライン化前。（下）アウトライン化後。ドキュメントで使用されているフォントはなくなっている

線幅の制限

線の太さを「線幅」といい、印刷では再現できる線幅には限界があります。細すぎる線は、モニターやプリンターでは確認できても、印刷物では、きれいに再現されません。そのため、印刷物では「0.25pt（0.09mm）」以上にします 01。また、線を使用する際は、「塗り」ではなく「線」のみに色指定がされている状態にします 02 03。02 の状態ではモニターでは表示されても、印刷ではうまく出力されず、エラーの原因になります。

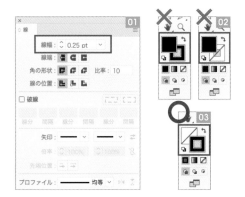

ラスタライズ効果の解像度

ラスタライズ効果とは、Illustratorで制作したベクターデータをビットマップデータ（画像）に変換することです。たとえば、Illustratorは、ベクターデータで制作するソフトになりますが、［効果］メニューの［スタイライズ］にある［ドロップシャドウ］や［ぼかし］などはビットマップデータ（画像）で再現されます。そのため、解像度の違いによって同じ効果を適用しても仕上がりに差が生じます 01。

ラスタライズ効果をきれいに再現するには、［効果］メニューの［ドキュメントのラスタライズ効果設定］による解像度の設定が重要になります。

新規ドキュメントで設定を行う際は、［新規ドキュメント］ダイアログの［プリセットの詳細］にある［ラスタライズ効果］の解像度を、［高解像度（300ppi）］に設定します 02。作業途中でも［効果］メニューの［ドキュメントのラスタライズ効果設定］で変更できます 03。

なお、解像度の単位である「dpi」と「ppi」はドットとピクセルの違いなので、大きさはほとんど変わりありません。

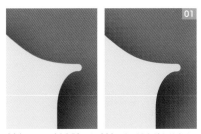

（左）300ppi（右）72ppi。300ppiのほうがなめらか

Chapter 4

165

Web媒体で注意するポイント

ランディングページやバナーなどのWeb用の素材を作成するときは、サイズ、解像度、カラーモードなどに注意が必要です。Illustratorにはそれらを設定する機能が備わっているので覚えておきましょう。

Web用のドキュメントを作成するときの注意点

IllustratorでWebのランディングページやバナーを制作する際には、大きく分けて以下の4つの点に注意しましょう。

● ピクセルベースで制作する ●

印刷物の場合は線やオブジェクトをmm単位、文字サイズを級やポイントで設定することが一般的ですが、固定サイズを持たず、モニタに依存するWebデザインでは、基本的な設定はすべてピクセル（px）で行います 01 。

［ファイル］メニューの［ドキュメント設定］のダイアログ

● RGBで制作する ●

単位と同様に、モニタの発色に依存するWebデザインでは、RGBカラーの設定が必要です 02 。

CMYKに比べて表現域が広い反面、正しく設定しないとデバイス（機器）によって見え方の差が大きくなります。

［編集］メニューの［カラー設定］のダイアログ

● 状態変化のデザインを考慮する ●

Webサイトは、マウスやキーボードの操作によって表示する内容が動的に変化することがあります。その変化によってデザインを強調したり、注意を集める役割もあるので、状態の変化を正しく管理、設計していく必要があります 03 。

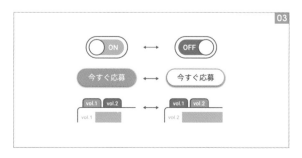

●Web媒体に合わせた解像度を使う●

　スマートフォンやモニタで表示するWebデザインは、印刷物とは解像度が異なります。

　印刷物の場合、一般的に350dpi程度の解像度を必要としていますが、Webの場合はデバイスによって解像度が異なるため、主とするターゲットに合わせた画面設計が必要です 04 05 。

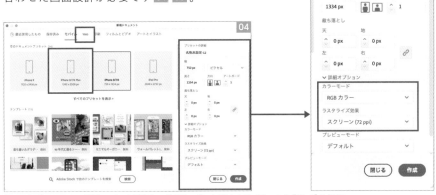

[ファイル]メニューの[ドキュメント設定]のダイアログ。上端のカテゴリーから[Web]を選択

Web媒体に合わせた環境設定

●Web用の新規ドキュメントの作成●

　[ファイル]メニューの[新規]で新規ドキュメントのホーム画面を開き、上部のカテゴリーから[モバイル]または[Web]を選択し、プリセットから目的にあったものを選択します 01 。

　プリセットを利用してファイルを作成することで、基本的なカラーモード、ラスタライズの解像度などをWeb用の設定で開くことができます。

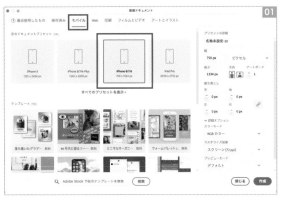

[ファイル]メニューの[ドキュメント設定]のダイアログ。[モバイル]カテゴリーを選択し、[iPhone 8/7/6]プリセットを選択

●環境設定●

　環境設定を開き、メニューから単位を選択します 02 。

　Webやモバイル用のプリセットで開いていても、一般以外の初期設定はポイントなど違うものになっているので、必ずピクセルに変更しましょう。

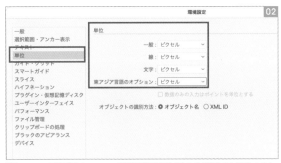

[Illustrator]〔編集]メニューの[設定]〔環境設定]から[単位]を選択すると、[環境設定]ダイアログの[単位]カテゴリーが表示される

● カラー設定の確認 ●

新規ファイルでWebやモバイルのプリセットから開いた場合は、自動的に［Web・インターネット用 - 日本］の設定になっていますが、既存ファイルを持ち込んでいる場合はこの設定が［プリプレス用・日本2］など印刷用になっている場合もあるので、必ず確認してください 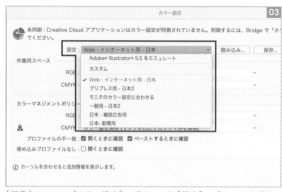。

ここで重要になるのは、RGBの設定が［sRGB］になっているかどうかです。Adobe RGBなど他の設定も可能ですが、それぞれ色の表現域が異なるため、対応するモニタが必要であったり、Web用の設定としては一般的とは言えません。そのため、ここではWindows環境の基準ともなっており幅広く対応しているsRGBで管理します 04。

［編集］メニューの［カラー設定］のダイアログ。［設定］でプリセットを選択

［編集］メニューの［カラー設定］のダイアログ。［作業用スペース］の［RGB］は［sRGB］にしておく

● RGBと16進数カラーコード ●

RGBを基準とするWebデザインでは、RGB指定以外にも［#］から始まる16進数のカラーコード指定も頻繁に使用されます。

このカラーコードで表記する場合、基本的にR（red）、G（green）、B（blue）で分解されているのは変わりませんが、普段私たちが利用する10進数ではなく、0〜9にa〜fを加えた16の数で数値を表します。

たとえば、黒色の場合、RGBの最小値になるので0なのは変わりません、R=0,G=0,B=0が、R=00、G=00、B=00（#000000）と表記されます 05。

逆に白の場合はどうでしょうか。白を10進数で表す場合はR=255,G=255,B=255ですが、16進数の場合はR=FF、G=FF、B=FF（#FFFFFF）となり、最大値であってもすべて2桁で表示することができます 06。

現在ではRGBの指定はどちらを用いても問題ありませんが、長い間16進数で表記されてきた文化もあるので、16進数表記も理解しておくようにしましょう 07。

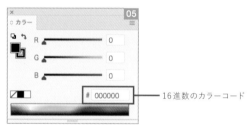

16進数のカラーコード

カラーパネル（［ウィンドウ］メニュー→［カラー］）

10進数	0	1	2	3	4	5	6
16進数	0	1	2	3	4	5	6
10進数	7	8	9	10	11	12	13
16進数	7	8	9	A	B	C	D
10進数	14	15	16	‥‥‥‥	253	254	255
16進数	E	F	10	‥‥‥‥	FD	FE	FF

10進数と16進数の対応

● レイヤー構造の確認 ●

　Webではデバイスの操作により表示を切り替えることが多々あります。

　たとえばボタンなどは、マウスを乗せた状態をhover（マウスオーバー）と言い、色やサイズなどが変化した状態をデザインすることも多いです。

　このようなデザインの場合は、それぞれを別レイヤーで管理し、名称をhoverやモーダルウィンドウ、クリック時、など一目でわかるものに設定しておきましょう。

● アートボード設定 ●

　IllustratorでWeb用のデザインをした際、「書き出したら縁がぼけてしまった」、「アートボードの数値は正確なのに、書き出したらサイズが変わってしまった」という声をよく耳にします。

　これはアートボードの配置設定（X,Y）が整数ではなく、小数点の入った配置が原因となっていることが多いです。

　アートボードが整数ではなくずれた状態で配置したものを書き出すと、その中のオブジェクトなど

もすべてずれた状態で書き出すことになります。そのため、縁などがぼけて予想外の書き出し結果になる事があります 08 。

　アートボードを手動でリサイズしたり、移動した場合は、必ずアートボードツール 09 をダブルクリックするか、あるいはアートボードツールを選択してreturn〔Enter〕キーを押し、[アートボードオプション]ダイアログを開いて確認しましょう 10 。

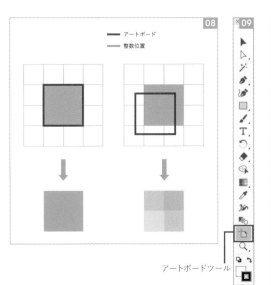

アートボードツール

Chapter 4

169

● 解像度設定 ●

Webデザインの場合、最低解像度を72ppiと設定する場合が多いのですが、ドキュメント（デザインデータ）の解像度設定の中でも、[効果]メニューの[ドキュメントのラスタライズ効果設定]は注意が必要です 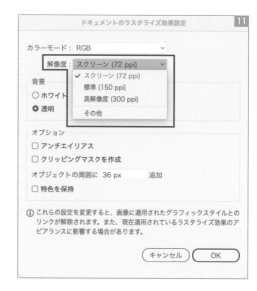。

作成したバナーや画像をそのまま等倍（1x）で書き出す場合には特に大きな問題はありませんが、スマートフォンやMacに合わせて解像度を2倍（2x）、3倍（3x）と指定して書き出すと、その詳細度に違いが出てきます。

[スクリーン（72ppi）]で設定したものを、仮に4倍で書き出すと、見た目は72ppiのまま、ピクセル数だけが増えた状態で書き出されます。これらはドロップシャドウなどの効果を適用しているとはっきりと違いがわかるので、事前に試してどの程度違いが生まれるか知っておくとよいでしょう。

72で設定したものを、2倍や4倍で書き出してもシャドウなどの効果は高解像度に変換されない

ペラのフライヤーを作成する

After

A4ペラのフライヤーを作成します。デザインを行うときは、ただ闇雲にデザイン要素を配置してはいけません。最初のうちこそ、紙面のどこに何を配置するのかを事前に決めておく癖をつけていきましょう。

Before

プロはこう考える

Step 1

写真の上に文字を載せる場合は文字の視認性を考える

Step 2

要素同士を揃えて配置する

Step 3

内容に応じて文字の大きさにメリハリをつける

新規ドキュメントを作成する

・**01**・

[ファイル]メニューから[新規]を選択します。
[新規ドキュメント]ダイアログ **01** が表示されるので、
右側の[プリセットの詳細]から[詳細設定]をクリックして[詳細設定]のダイアログ **02** を表示します。
[プロファイル]を[プリント]に設定し、[名前]を入力して、[サイズ]に仕上がりサイズよりも大きめのサイズを選択します。このサンプルでは、A4サイズのフライヤーを作成するので、それよりひと回り大きい[B4]サイズを選択し、[名前]を[フライヤー]としました。
[ドキュメント作成]をクリックすると、新規ドキュメントが表示されます **03**。

フライヤーの仕上がりサイズのガイドを作成する

01
最初に仕上がりサイズの長方形を作成します。ツールバーで[線]を[なし]、[塗り]を任意の色に設定し、長方形ツールを選択します **01**。
アートボード上をクリックすると、[長方形]ダイアログ **02** が表示されるので、仕上がりサイズを入力します。仕上がりサイズはA4なので[幅]を

210mm、[高さ]を297mmとしました。[OK]をクリックすると長方形が作成されます **03**。
長方形を選択した状態で、コントロールパネルの[垂直揃え][水平揃え]をクリックすると **04**、アートボードの中央に仕上がりサイズの長方形が配置されます **05**。

·02·

作成した長方形を選択して 01 、[オブジェクト]メニューから[トリムマークを作成]を選択し、トンボ(仕上がりサイズを示すガイド)を作成します 02 。

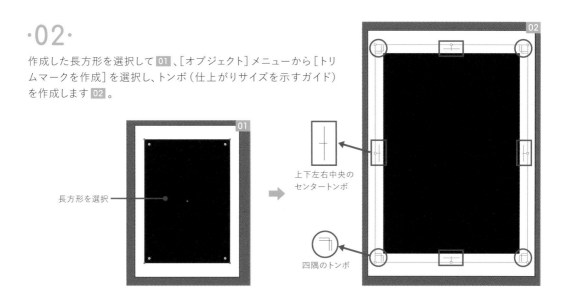

長方形を選択

上下左右中央の
センタートンボ

四隅のトンボ

塗り足しガイドを作成する

01

背景に色面や画像を使用する場合には、紙を裁断する際に、紙色が現れるのを避けるため、[塗り足し]が必要になります 01 。
まずは塗り足し用の塗り足しガイドを作成しましょう。仕上がりサイズの長方形を選択し、[オブジェクト]メニューの[パス]から[パスのオフセット]を選択すると、[パスのオフセット]ダイアログが表示されます 02 。
[オフセット]に「3」(mm)と入力します。これ

が塗り足しの幅となります。[角の形状]と[角の比率]はデフォルトのまま([マイター]、「4」)で、[OK]をクリックすると、仕上がりサイズの長方形よりも天地左右3mmずつ大きい長方形が作成されます 03 。
最後に、長方形を選択し、[表示]メニューの[ガイド]から[ガイドの作成]を選択すると、図形がガイドに変換されます。これで塗り足しガイドの完成です 04 。

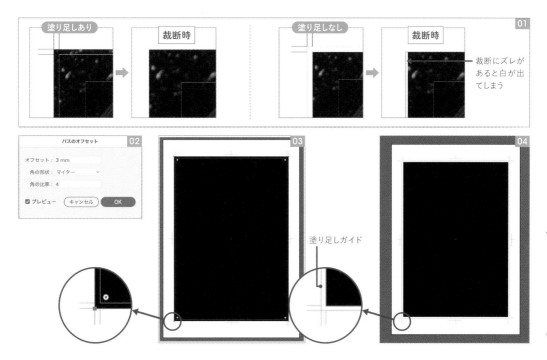

塗り足しあり　裁断時　塗り足しなし　裁断時

裁断にズレがあると白が出てしまう

パスのオフセット
オフセット : 3 mm
角の形状 : マイター
角の比率 : 4
☑ プレビュー　(キャンセル)　OK

塗り足しガイド

Chapter 4

マージン（余白）、レイアウトグリッド、レイヤーを設定する

版面とは文字や図版などのデザイン要素を配置できるスペースを指し、「レイアウトスペース」とも呼ばれます。一方、それらの要素を配置してはいけないスペースを「マージン」や「余白」と言います  。版面を決めることで、紙面の周囲に余白が生まれ、すっきりとした印象に仕上がります。

ピンク色の部分がマージン、青色の部分が版面

01 マージンの幅を設定しましょう。仕上がりサイズの長方形を選択した状態で、［オブジェクト］メニューの［パス］から［パスのオフセット］を選択すると、［パスのオフセット］ダイアログ 01 が表示されます。
　［オフセット］がマージン幅となります。裁断時のズレで配置した要素が切れてしまうのを防ぐため、マージンとして最低でも-5mm以上（仕上がりサイズの5mm内側）の数値を入力してください。ここでは、「-15mm」に設定しました。
［角の形状］と［角の比率］はデフォルトのまま（［マイター］、「4」）で［OK］をクリックします。これで、仕上がりサイズよりも天地左右15mmずつ小さい長方形が作成されます 02 。
作成した2つの長方形を選択し、［表示］メニューの［ガイド］から［ガイドの作成］を選択すると、図形がガイドに変換されます 03 。これでマージンと版面のガイドは完成です。

仕上がりサイズよりも天地左右15mm
小さい長方形が作成される

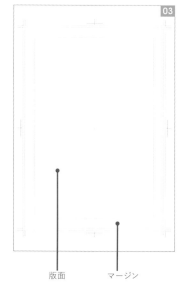

版面　　マージン

02

レイアウトを行う前に、レイアウトグリッドを作り、紙面に役割を与えていきます。
「メイン画像」「商品画像」「テキストスペース」などの配置を最初に決めておくと、レイアウトがスムーズに行えます。
なお、レイアウトグリッドはアタリなので正確でなくても大丈夫です。

まず、長方形ツールで、それぞれの要素を配置するエリアを示す長方形（[線]：[なし]、[塗り]：任意）を作成します 01 。作成した3つの長方形を選択し、[表示]メニューの[ガイド]から[ガイドを作成]を選択して長方形をガイドに変換するとレイアウトグリッドの完成です 03 。

レイアウトグリッドを作成するときは、マージンを基準に版面内で揃えることが基本となる。各要素同士の間には適度な余白を設定しよう 01 。余白がないと、情報の違いが認識しづらくなり、見た目も美しくない 02

03

作業しやすいように、「トンボ」「ガイド」などの名前でレイヤー分けしておくとよいでしょう 01 。レイヤーを分けることによって、誤って他のオブジェクトを編集してしまうリスクを避けられます。
また、「トンボ」や「ガイド」は今後編集しないので、ロックをかけておくとよいでしょう。

メイン画像を配置する

01

レイアウトを行う際に明確な手順はありませんが、チラシの印象を左右するメイン画像を最初に配置すると、仕上がりの印象をイメージしやすくなります。
まず、レイヤーパネルで新規レイヤーを作成し、レイヤー名（ここでは「メイン画像」）を設定します 01 。

新規レイヤーを作成

媒体別データ作成のポイント

Chapter 4

175

02 ［ファイル］メニューから［配置］を選択し、ファイル選択のダイアログで、メイン画像を選択して、［リンク］にチェックを入れ、［配置］をクリックします 01 。
「メイン画像」エリアを大きく囲うようにドラッグすると、画像が配置されます 02 。配置画像はCMYKモードに変換しておきましょう。なお、以降で使用している配置画像はAdobe Stockの写真を利用しているため、著作権の都合によりダウンロードデータではファイル番号を記載したグレーの画像に変更しています。同じ作例を作成したい場合は、ご自身でAdobe Stockから画像をダウンロードしてお試しください。

画像にマスクをかける

01 クリッピングマスク機能を利用すると、対象のオブジェクトを、ほかのオブジェクトの形状で抜き出すこと（トリミング）が可能になります。
ここでは、長方形ツールで「メイン画像」エリアに合わせて長方形を作成します 01 。

作成した長方形と、メイン画像を選択して、［オブジェクト］メニューの［クリッピングマスク］から［作成］をクリックすると、メイン画像が長方形の形状で抜き出されます 02 。

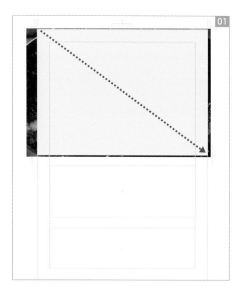

抜き出し箇所を編集したい場合は、［オブジェクト］メニューの［クリッピングマスク］から［オブジェクトを編集］を選択し、抜き出し箇所や大きさを編集することができる

商品画像を配置するボックスをつくる

·01·

次に商品画像を配置していきます。ここでは、3つの正方形を同じ大きさで等間隔で配置して、その中に商品写真を入れていきます。

まず、3つの正方形を配置するレイヤーを作成しておきましょう。レイヤーパネルで新規レイヤーを作成し、レイヤー名を「商品画像」とします  01 。

02

長方形ツールを選択し、「商品画像」エリアの左上角のガイドにカーソルを合わせ、shiftキーを押しながらドラッグして正方形を作成します 01 。作成した図形を選択した状態でcommand〔Ctrl〕+option〔Alt〕+shiftキーを押しながら、マウスを右水平方向にドラッグすると図形が複製されます。正方形の間隔は次の 03 で揃えるので、適当でかまいません。同様に3つ目の正方形も作成します 02 。

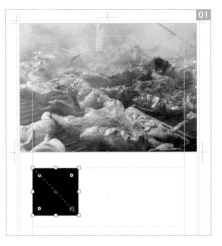

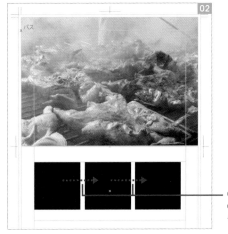

command〔Ctrl〕+
option〔Alt〕+shift
+ドラッグ

03

正方形の間隔を揃えます。まず、左右の正方形をそれぞれ左右の版面のガイドに合わせます 01 。合っていない場合は、shiftキーを押しながら正方形をドラッグしてガイドに合わせましょう 02 。

次に、3つの正方形を選択し、整列パネル（次ページ 03 ）あるいはプロパティパネルの［整列］で［水平方向等間隔に分布］をクリックすると、正方形の間隔が揃い、均等に配置されます 04 。

shiftキーを押しながらドラッグすると、
動きを垂直／水平方向に限定できる

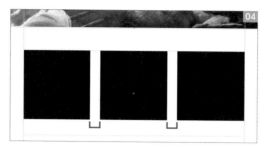

商品画像を配置する

·01·

画像を配置したい正方形を選択し 01、ツールバーの［描画方法］で［内側描画］02 をクリックすると、選択した正方形が 03 のような表示になります。

内側描画

·02·

［ファイル］メニューから［配置］を選択し、商品画像を選択して、［リンク］にチェックを入れ、［配置］をクリックします。
正方形の中でクリックすると、正方形内に画像が配置されます 01。
画像のサイズや位置を調整して、ツールバーの［描画方法］を［標準描画］に戻します 02。
他の画像も同じように配置します 03。

標準描画

Memo • • • • • • • • • • •

画像の表示位置を変えたい場合は［オブジェクト］メニューの［クリッピングマスク］から［オブジェクトを編集］を選択すると、大きさや位置を編集することができます。

文字要素を配置する

·01·

サンプルデータの「テキスト.txt」をテキストエディタ
など（macOSではテキストエディット、Windowsでは
メモ帳など）で開きます  。
チラシで使用するすべての文字情報をコピーします。
Illustratorに戻り、アートボードパネル（ [02] ［ウィンド
ウ］メニュー→［アートボード］）の［新規アートボード］
をクリックして、新しいアートボードを追加します [03] 。

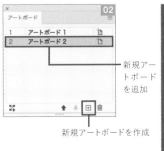

新規アー
トボード
を追加

新規アートボードを作成

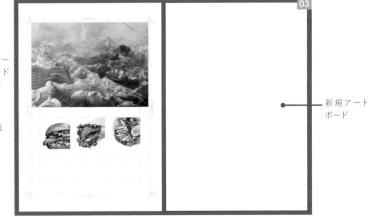

新規アート
ボード

·02·

レイヤーパネル [01] で新規レイヤーを作成し、レイ
ヤー名を「テキスト」とします。
文字ツール [02] を選択し、追加したアートボード上で
四角形を描くようにドラッグし [03] 、［編集］メニューか
ら［ペースト］を選択すると、テキストデータがペース
トされます [04] 。

新規レイヤーを
作成

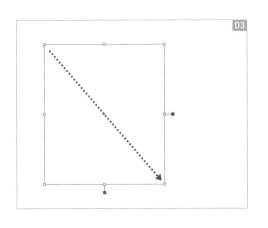

Chapter 4

179

03 文字をコピー＆ペーストして、フライヤーに配置していきます。
まず、文字ツールで、「NEW OPEN 11.28」を選択してコピーし 01 、フライヤー上の配置したい場所でクリックして挿入ポイントを表示し、ペーストします 02 。

文字の塗り色を白色に変更し、段落パネル 03 で[中央揃え]に設定して、文字位置を写真の左右中央に配置しました 04 。
[ウィンドウ]メニューの[書式]から[文字]を選択して文字パネル 05 を開き、書体や文字サイズ、文字間隔、行間などを整えます 06 。

ポイント文字にバウンディングボックスが表示されない場合は[表示]メニューから[バウンディングボックスを表示]を選択

·04·

同様にしてほかの文字情報も配置していきます。画像ボックスの左端に合わせて、行揃えを[左揃え]に設定します 01 02 。選択ツールで文字要素を選択して、command〔Ctrl〕+option〔Alt〕+shiftキーを押しながら、右方向にドラッグして複製し、画像ボックスの左端に揃えます 03 。書体やサイズ、行間なども設定します。

05 先ほど複製したテキストを差し替えていきます。文字ツールを選択して、差し替えるテキストを選択し、コピーします 。

文字ツールを選択した状態で、差し替えたいテキストをすべて選択して 、ペーストすると選択されたテキストが置き換わります 。

·06·

差し代わったテキストは、書体、サイズ、行間などが違うので、スポイトツールで設定を合わせていきます。
文字ツール 01 で、設定を変更したいテキストを選択し、スポイトツールに切り替えて、設定を合わせたい文字上をスポイトツールでクリックします 02。
クリックした文字の書式設定が、選択された文字に反映され、簡単に書式を揃えることができます。
以上の作業を繰り返してテキストを配置していきます 03。

文字ツール

スポイトツール

詳細情報をレイアウトする

·01·

詳細エリアに文字情報を入れるスペースとして、長方形を作成します 01。横幅はあとから調節できるので、大体でかまいません。

Chapter 4

·02·

「文字要素を配置する」の 01〜02（P.179）で開いた
テキストから、ここで使用する文言を文字ツールで選
択し、コピーします 01 。

続けて、文字ツールで、先ほどの 01 で作成した長方
形の左上角をクリックします。長方形がテキストエリ
アに切り替わるので 02 、この状態でペーストすると、
エリア内に文字が流し込まれます 03 。

テキストエリアの両端にキッチリと文字を収めたいの
で、段落パネル 04 （［ウィンドウ］メニューの［書式］
→［段落］）で［均等配置（最終行左揃え）］を選択し
ます 05 。

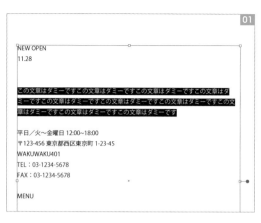

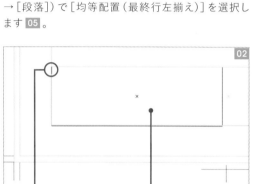

文字ツールでクリック　　　テキストエリア

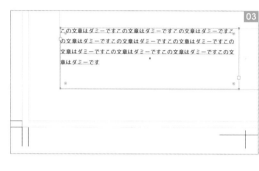

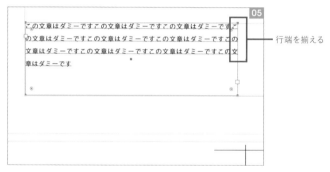

行端を揃える

·03·

同様にして、営業曜日・時間、
住所などのテキストも配置しま
す。文字パネルや段落パネル
で、書体、文字サイズ、文字間
隔、行間などを整えます 01 。

地図・ロゴを配置し、全体を整えて仕上げる

·01·

レイヤーパネルで新規レイヤーを作成し、レイヤー名を「イラレ素材」とします 01 。
サンプルデータの「地図.ai」を開き、選択ツールですべて選択して、[オブジェクト]メニューから[グループ]を選択して、グループ化します 02 。
グループ化したオブジェクトを選択してコピーして、フライヤーのドキュメントに戻り、ペーストして位置を調整します 03 。

新規レイヤーを作成

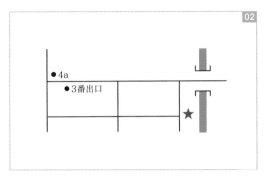

·02·

次に、サンプルデータの「ロゴ.ai」を開いて、01と同様の操作で、グループ化してコピーし、フライヤーのドキュメントにペーストします。
ロゴは「NEW OPEN」の上に配置します 01 。

·03·

背景は白色のままでもよいのですが、温もりや温度感を伝えたいので、色面を敷くことにしました。
レイヤーパネルで新規レイヤーを作成し、レイヤー名を「背景」として最背面に移動します 01 。
カラーパネル([ウィンドウ]→[カラー])で[線]を[なし]、[塗り]をY12K13と設定します 02 。あとで調整するので大体の印象でかまいません。

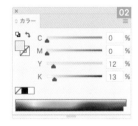

Chapter 4

183

04 次に、長方形ツールで、ドキュメントの上をクリックし、[長方形] ダイアログ 01 で仕上がりサイズ（[幅] 210mm、[高さ] 297mm）を入力して [OK] をクリックすると、指定した色味の背景が作成されます 02 。

これで今回のチラシに必要な情報がすべて配置されました。最後に全体を俯瞰して微調整を行います。配置位置を揃えたり、罫線を追加するなどして、デザインを仕上げていきます 03 。

背景に色面を作成

入稿データを作成する

01 ドキュメントが完成したら、配置した画像やドキュメントのコピーをひとつのフォルダ（パッケージ）にまとめます。
完成したドキュメントを保存した後、[ファイル] メニューから [パッケージ] を選択します。[パッケージ] ダイアログ 01 で [リンクをコピー] と [リンク

されたファイルとドキュメントを再リンク] にチェックを入れ、ダイアログ右上のフォルダアイコンをクリックしてパッケージの保存先を指定します。
表示されるダイアログで保存先を指定し、[パッケージ] をクリックすると、指定された保存先に入稿時に必要なデータがひとまとめになります 02 。

パッケージ保存先を指定するダイアログを表示

·01·

入稿用の処理を行うため、現在開いているドキュメントを閉じて、パッケージフォルダの中から同一のファイルを開きます。

すべての文字をアウトライン化します。選択もれがないように、[選択]メニューから[すべてを選択]を選択し、アートボード上のすべてのオブジェクトを選択してしまいます。

[書式]メニューから[アウトラインを作成]を選択し、文字をアウトラインに変換します 01 。

なお、オブジェクトにロックがかかっていると選択されないので、ロックをかけた場合は、選択前に[オブジェクト]メニューから[すべてをロック解除]を選択してロックを解除しておきます。

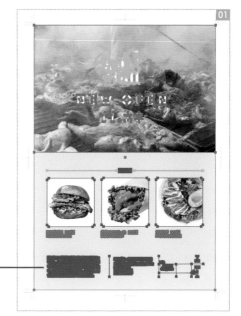

文字がアウトライン化され、
パスとして選択されている

·02·

入稿時には、エラーを避けるため、印刷時に不要なデータを削除しておく必要があります。ここでは、レイアウト時にテキスト用に追加したアートボード（P.179）を削除しておきます。

アートボードパネル 01 で「アートボード2」を選択し、[アートボードを削除]（ゴミ箱のアイコン）をクリックすると削除されます 02 。

アートボードを削除

·03·

最後に、背景の色面とメイン画像を塗り足しガイドまで広げます 01 。保存して、入稿データの完成です。

Chapter 4

04

折りたたみリーフレットを作成する

After

Before

| 5ページ | 裏表紙 | 表紙 | | 2ページ | 3ページ | 4ページ |

表面　　　　　中面

仕上がりの展開サイズがA4サイズ（幅297mm高さ210mm）の巻き3つ折りリーフレットを作成します。3等分にした1枚の紙を、巻き込むように折るのが［巻き三つ折り］です。仕上がりの展開サイズは上図のようになります。巻き3つ折りにした場合、一番内側にくる中に折られるページ幅を小さくするのがポイントです。（97mm+100mm+100mm）×210mmが仕上がりの展開サイズになります。

プロはこう考える

Step 1

紙面いっぱいに写真を配置してダイナミックさを演出

Step 2

同じ重要度の情報は、同じレイアウトを繰り返して使用する

Step 3

意図的に写真をはみ出させてレイアウトに動きをつける

新規ドキュメントを作成する

01 ここでは、A4サイズの三折りリーフレットを制作します。
[ファイル]メニューから[新規]を選択し、[新規ドキュメント]ダイアログ **01** の[詳細設定]をクリックして、[詳細設定]ダイアログ **02** を表示します。
[名前]を入力し、[サイズ]に仕上がりサイズより

も大きいサイズを選択します。ここでは、A4サイズの三折りリーフレットを製作するので、それにより大きいB4サイズを選択し、[方向]で[横]を選択します。
[ドキュメント作成]をクリックすると、新規ドキュメントが開きます **03**。

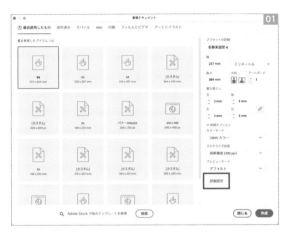

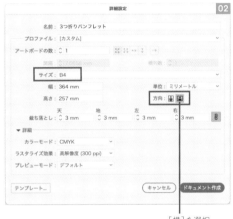

[横]を選択

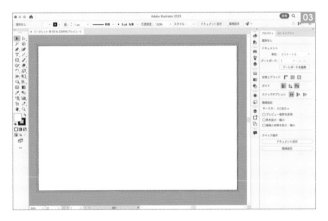

ページごとの長方形を作成する

01 A4サイズ（幅297mm、高さ210mm）を3分割する長方形を作成します。巻き込まれるページの幅を3mm小さくするのがポイントです。
長方形ツールで、[線]を[なし]、[塗り]の色を任意に設定し（次ページ **01**）、アートボード上でクリックして[長方形]ダイアログ **02** を表示します。[幅]97mm、[高さ]210mmとして、[OK]をクリックし、長方形を作成します。同様に、[幅]100mm、[高さ]210mmの長方形 **03** を2つ作成します。サンプルではわかりやすいように中央の長方形の色を変えました **04**。

媒体別データ作成のポイント

Chapter 4

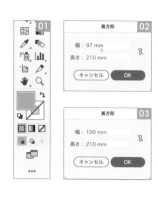

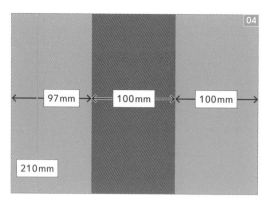

トンボを作成する

01 作成した長方形をすべて選択し 01 、[オブジェクト]メニューから[トリムマークを作成]を選択すると、トンボ(仕上がりサイズを示すガイド →P.157)が作成されます 02 。
次に、折り込み位置がわかるように「折りトンボ」を作成します。まず、トンボの線幅と線色の設定をスポイトツールを使ってコピーします。

スポイトツールをトンボの線上に合わせてクリックすると、線幅と線色がコピーされます 03 。
線幅と線色が決まったら、ペンツールで折り込み位置を示す線を作成します。 04 のように入れれば完成です。線の長さは任意でかまいませんが、トンボの長さ程度でよいでしょう。

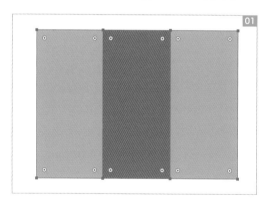

スポイトツール

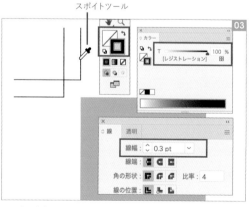

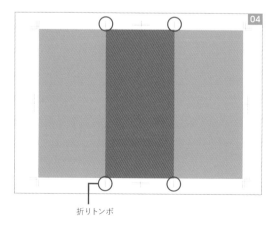

折りトンボ

トンボに設定されている線の色=レジストレーションは、CMYKすべてに出力される特殊な色。CMYKどの版にもトンボを出力するために使われる

マージンと版面を作る

01 各ページにマージンを設定します。3つの長方形を選択した状態で[オブジェクト]メニューの[パス]から[パスのオフセット]を選択して、[パスのオフセット]ダイアログを表示します。[オフセット]にマージンの値を入力します。マージンは最低でも3mmは設けましょう。ここでは[-10]（10mm）としました。 01 [角の形状][角の比率]はデフォルト（[マイター][4]）でかまいません。[OK]をクリックすると、長方形の内側に新たな 長方形が作成されます 02 。作例された長方形をすべて選択し、[表示]メニューの[ガイド]→[ガイドを作成]を選択すると、ガイドに変換されます 03 。

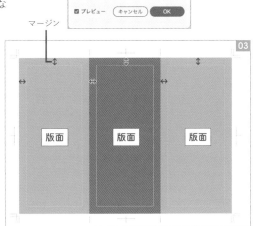

マージン

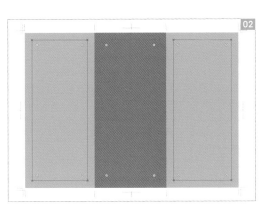

塗り足しガイド、仕上がりガイドを作成する

01 仕上がりサイズの長方形を選択し 01 、パスファインダーパネルから[合体]をクリックして、長方形同士を1つにまとめます 02 。
長方形を選択した状態で、[オブジェクト]メニューの[パス]から[パスのオフセット]を選択し、[パスのオフセット]ダイアログで[オフセット]を[3mm]とします。ほかはデフォルトのまま（[角の形状]:[マイター]、[角の比率]:[4]）[OK]を クリックすると、塗り足しサイズの長方形が作成されます（次ページ 03 ）。
その長方形を選択した状態で、[表示]メニューの[ガイド]から[ガイドを作成]を選択するとガイドが作成され、塗り足しガイドの完成です 04 。
最後に展開サイズの長方形を選択し 05 、ガイドに変換して仕上がりガイドの完成です 06 。これで、表面のレイアウト環境が整いました。

3つの長方形を選択

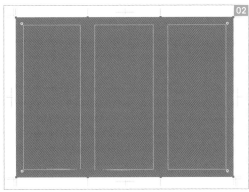

長方形を合体

Chapter 4

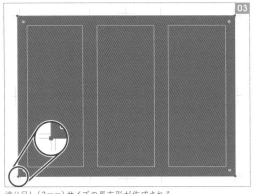

塗り足し（3mm）サイズの長方形が作成される

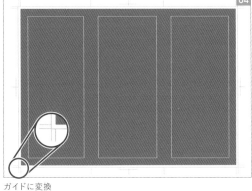

ガイドに変換

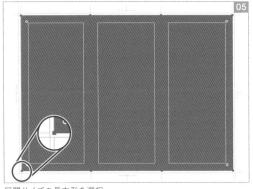

展開サイズの長方形を選択

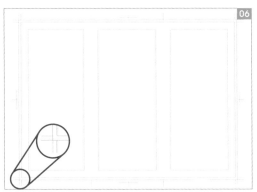

ガイドに変換

中面の作業環境を作成する

·01·

中面レイアウト用に、表面のガイドを複製した新規の
アートボードを作成します。
［表示］メニューの［ガイド］から［ガイドをロック解除］
を選択し、ガイドを選択できるようにしてから、すべて
を選択します 01 。
［ウィンドウ］メニューから［アートボード］を選択し
てアートボードパネルを表示し、パネルメニューから
［アートボードを複製］ 02 を選択すると、新しいアー
トボードの複製が作成されます 03 。 01 で選択した
内容も複製されています 04 。

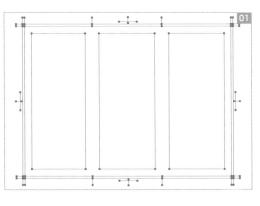

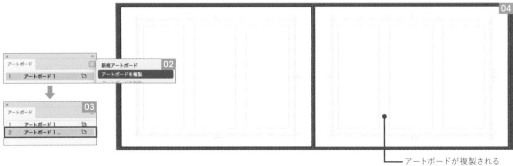

アートボードが複製される

02 複製したアートボードのオブジェクトをすべて選択し 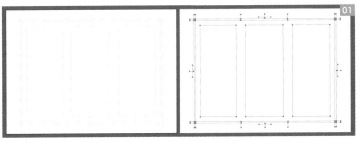、ツールバーのリフレクトツール  をダブルクリックします。

[リフレクト] ダイアログ 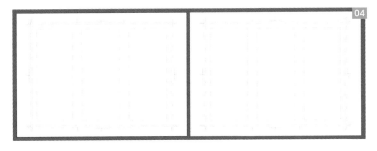 が表示されるので、[垂直] にチェックを入れ、[OK] をクリックすると、選択されたオブジェクトが仮想の垂直軸をもとに反転されます 。

これで中面のレイアウト環境の完成です。ガイドは動かないように、[表示]→[ガイド]から[ガイドをロック]でロックをかけておきましょう。

> **Memo** • • • • • • •
>
> 作業中に動いてはならないトンボやガイドはそれぞれのレイヤーに分け、ロックをかけておきましょう。レイアウトを行う際は、新規でレイヤーを作り、わかりやすいように任意で名前をつけておくと作業がしやすくなります。

表面のレイアウト

●レイアウトの前に●

版面を意識しながらレイアウトを行います **01**。切れてはいけない文字情報や図版がきちんと版面内に収まっているのかをチェックしましょう。また、折りたたみ箇所に読ませたい文字が重ならないようにすることも重要です。

参考のため、ト端の版面外側にページ番号を入れている（「P5」「裏表紙」など）

●メイン画像を配置する●

·01·

表紙と裏表紙のレイアウトを行います。

まず、表紙と裏表紙の範囲に長方形ツールでメイン画像を配置する範囲を作成します 01 。

[ファイル]メニューから[配置]を選択し、ファイル選択ダイアログ 02 で、使用する画像を選択し、[リンク]にチェックを入れて、[配置]をクリックします。アートボード上をクリックすると画像が配置されます 03 。

なお、以降で使用している配置画像はAdobe Stockの写真を利用しているため、著作権の都合によりダウンロードデータではファイル番号を記載したグレーの画像に変更しています。同じ作例を作成したい場合は、ご自身でAdobe Stockから画像をダウンロードしてお試しください。

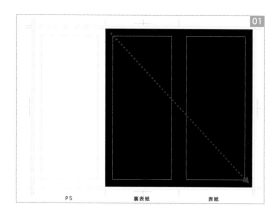

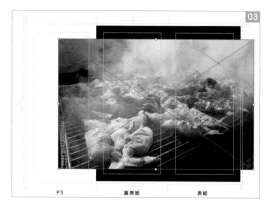

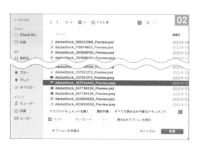

·02·

配置した画像のトリミングを行います。

01で作成した長方形を選択し、[オブジェクト]メニューの[重ね順]から[最前面へ]を選択して、長方形を最前面に出します 01 。

トリミングする画像と長方形を両方選択し 02 、[オブジェクト]メニューの[クリッピングマスク]から[作成]を選択すると、長方形内に画像が収まります 03 。

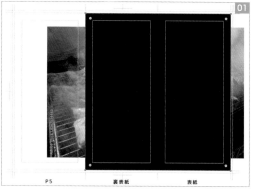

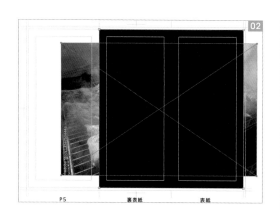

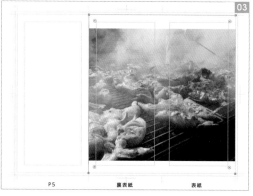

·03·

ダイレクト選択ツールで配置画像をクリックして選択し、ドラックすると長方形内の画像が動くのでトリミング位置を調整します。大きさを調整するときは、拡大・縮小ツールで画像の四隅のいずれかをshiftキーを押しながらドラックして調整します 01 。

·04·

サンプルデータの「ロゴ.ai」をダブルクリックして、ロゴデータを開きます 01 。
[選択] メニューから [すべてを選択] を選択し、[編集] メニューから [コピー] を選択します。
折りたたみリーフレットのドキュメントに戻り、[編集] メニューから [ペースト] を選択し、ロゴデータを貼り付けます 02 。

05

ロゴデータを表紙の左右中央に配置します。配置の目安として左右中央に垂直ガイドを設置しておきましょう。
ガイド設置用に表紙の版面の左右と同じ幅の仮の長方形を作成します。
以下の要領で長方形とガイドを作成します。
（1）[表示] メニューの [スマートガイド] と [ポイントにスナップ] にチェックをいれます。
（2）長方形ツールを選択して、版面左右どちらかのガイド上にカーソルを重ねると「ガイド」と表示されす 01 。
（3）ここでマウスボタンを押し、反対側の版面のガイド上までドラッグして、再び「ガイド」と表示されたところで、マウスボタンを放すと版面と同

じ幅の長方形が作成されます 02 。
（4）作成した長方形の中央にガイドを設置します。[表示] メニューの [定規] から [定規を表示] を選択して、定規を表示します 03 。
（5）左端の垂直定規の中から右方向にドラッグすると、垂直ガイドが引き出されます。先ほど作成した長方形の中央までドラッグすると「中心」と表示されるので、マウスボタンを放すとガイドが設置されます 04 。
（6）ガイドの設置が済んだら、作成した長方形は削除します 05 。
ガイドを基準に選択ツールでロゴの位置を調整し、拡大・縮小ツールで大きさを整え、色を調整します 06 07 。

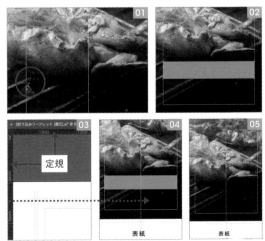

定規内から右方向に表紙の中央までドラッグしてガイドを設置

193

●裏表紙にテキストを配置する●

06 テキストエディタでサンプルデータの「テキスト.txt」を開き、「CHICKEN RESTAURANT」をコピーします。折りたたみリーフレットのドキュメントに戻り、テキストをペーストします **01**。「CHICKEN」と「RESTAURANT」を区切る半角スペースを削除し、改行します。
文字ツールでテキストをすべて選択し、文字パネル（[ウィンドウ]メニュー→[書式]→[文字]）で書式を設定します **02**。ここでは「Sofia Pro Semi Bold」に設定し、行間と文字間隔を調整します。
また、裏表紙の左側にテキストを合わせたいので、段落パネル[ウィンドウ]メニュー→[書式]→[段落]）で行揃えを左揃えにし、テキストエリアを版面左端に合わせます。大きさや文字色を調整して、表紙と裏表紙の完成です **03**。

●P5を作成する●

07 P5の背景にテクスチャーを作成し（作成方法はP.209参照）、マスクをかけてトリミングします（「テクスチャ.ai」として収録）**01**。
次に、テキストを配置します。テキストエディタで「テキスト.txt」からテキストをコピーします。
折りたたみリーフレットのドキュメントに戻り、文字ツールを選択して、P5の版面の左端から右端に長方形を描くようにドラッグしてテキストエリアを作成し **02**、コピーしたテキストをペーストします **03**。

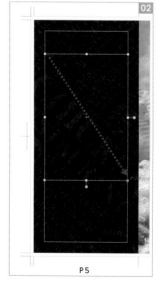

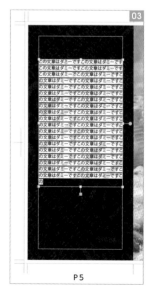

08 ここでは箱組にしたいので、段落パネル  ([ウィンドウ]→[書式]→[段落])で[均等配置（最終行左揃え）]に設定します。
文字パネル  で書体、行間、文字サイズを設定

します。ここでは、書体を小塚ゴシック、行間を17pt、文字サイズを8ptに設定しました。
テキストエリアを版面の中央付近に配置すれば完成です  。

中面をレイアウトする

●中面P2のレイアウト●

01 今回は4種類の食材を同じフォーマットで配置するデザインなので、基本フォーマットをひとつ決めて、それを複製していきます。
まず、グリッドを作成し、要素を配置するスペースを決めます。
長方形ツールで版面と同じサイズの長方形を作成します 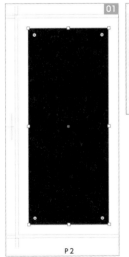。長方形を選択した状態で、[オブジェクト]メニューの[パス]から[グリッドに分割]

を選択し、表示される[グリッドに分割]ダイアログ  で[段数]に分割数を入力します。ここでは縦に四分割したいので、[行]の[段数]を「4」にします。[間隔]を「8mm」にして、[OK]をクリックすると、8mm間隔で四分割されます 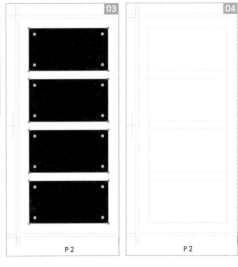。
分割された長方形をすべて選択し、[表示]メニューの[ガイド]から[ガイドを作成]を選択して、ガイドに変換すれば、グリッドの完成です 04 。

P2

P2

P2

02 グリッドガイドを基準に、長方形ツールで、文字と写真を入れるスペースを作成します **01**。
「テキスト.txt」のテキストをコピーして、折りたたみリーフレットのドキュメントに戻ります。文字ツールで長方形の隅にカーソルを合わせてクリックすると、テキストエリアに切り替わります **02**。この状態でペーストすると、エリア内に文字が配置されます **03**。

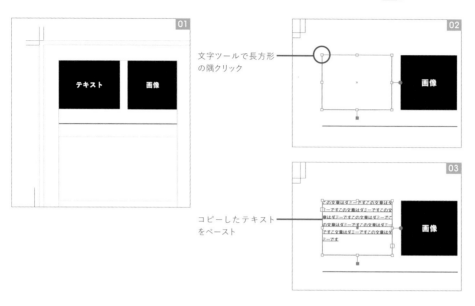

文字ツールで長方形
の隅クリック

コピーしたテキスト
をペースト

03 次に、画像を配置します。画像配置用の長方形を選択し **01**、ツールバーの［描画方法］の［内側描画］をクリックすると、選択した正方形が **02** のような表示に変わります。
［ファイル］メニューから［配置］を選択し、ファイル選択のダイアログで画像を選択して、［配置］をクリックします。
画像エリア上をクリックすると画像が配置されます **03**。作業後、ツールバーの［描画方法］を［標準描画］に戻しておきます。

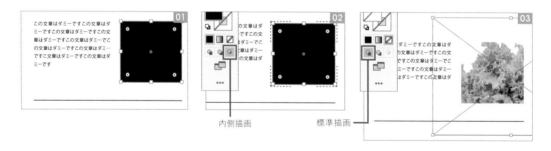

内側描画　　　　　標準描画

·04· タイトル（ここでは「LETTUCE」）を入れます。まず、選択ツールで先ほど作成したテキストボックスを選択して、shiftキーを押しまがら下方向にドラッグして垂直方向に移動させます **01**。
文字ツールで、タイトルを入力して、グリッドに従ってきれいに揃えて配置しましょう **02**。

·05·

全体のバランスを整えます。文字の書体、サイズ、行間、テキストオブジェクトの位置などをきれいに整えて配置します。要素同士をきちんと揃えることも意識しましょう。このデザインはフォーマットとして流用するので、ここでしっかりと決めておくことが大切です 01 。

·06·

デザインが決まったら、フォーマットを複製していきます。フォーマットのオブジェクトをすべて選択して、command〔Ctrl〕+option〔Alt〕+shiftキーを押しながら、下方向にドラッグし、2番目のガイドに合わせて複製します 01 。
同様の作業を4番目のエリアまで繰り返します 02 。

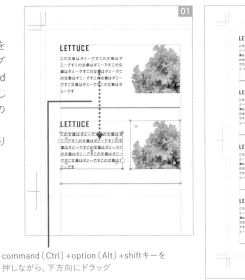

command〔Ctrl〕+option〔Alt〕+shiftキーを
押しながら、下方向にドラッグ

·07·

テキストと画像を置き換えていきます。必要に応じて画像のトリミング位置などを調整して完成です 01 。
同じフォーマットを繰り返し使用する場合は、最初にひな形となるフォーマットデザインをしっかりと決めておくことがポイントです。

媒体別データ作成のポイント

Chapter 4

●中面P3、P4のレイアウト●

08 P3、P4のデザインでは、中央に切り抜き画像を配置して、文字を画像の周囲に回り込ませるのがポイントです。
まず、画像を配置しましょう。[ファイル]メニューから[配置]を選択し、ファイル選択のダイアログで画像を選択し、P3、P4の中央付近に配置します 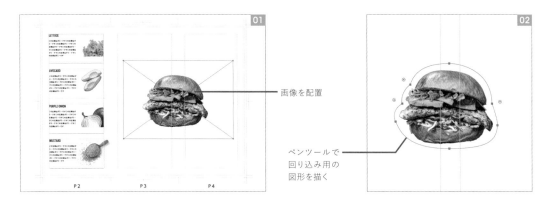。
次に、ペンツールで回り込み用の図形を作成します。[塗り]を[なし]、[線]をあり(任意の色)、線幅を細めに設定し、画像の輪郭よりも大きめの囲みを作成します。囲みの形状は後でも編集できるので、おおよそでかまいません 02。

画像を配置

ペンツールで
回り込み用の
図形を描く

09 「テキスト.txt」からテキストをコピーします。Illustratorに戻って、文字ツールで版面を囲むようにマウスを左上から右下にドラッグし、テキストエリアを作成します 01。この状態で、コピーしたテキストをペーストします 02。
入りきらないテキストはP4に入れていきます。
選択ツールで、テキストエリアの右下の田マークをクリックすると、カーソルの形状が 03 のように変わります。その状態で、P4ページの版面上を囲むように左上から右下にドラッグすると、あふれていたテキストが、テキストエリア内に流し込まれていきます 04。

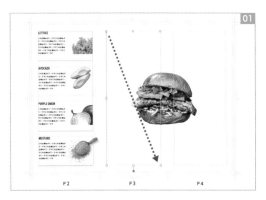

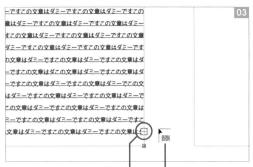

クリック　カーソルの形状が変化する

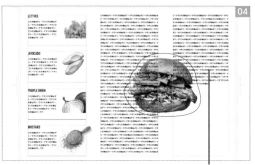

あふれていたテキストが流し込まれる

·10·

P3のテキストボックとP4のテキストエリアはリンク状態なので、選択すると 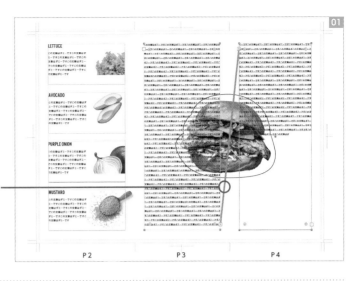 01 のように表示されます。長文などをテキストエリアに流し込む場合は、この方法で対処するとよいでしょう。

2つのテキストエリアがリンクされていることを示すライン

P2　　　　P3　　　　P4

---

11 テキストを08で作成した図形に沿って回り込ませます。
まず、図形を選択し、[オブジェクト]メニューの[重ね順]から[最前面へ]を選択して、最前面に移動します 01 。

次に[オブジェクト]メニューの[テキストの回り込み]から[作成]を選択すると、テキストが回り込みます 02 。
輪郭の図形の[線]を[なし]に設定して、回り込みの完成です 03 。

回り込み用の図形を最前面へ送る

図形を避けるようにテキストが回り込む

輪郭の図形の[線]を[なし]に設定

12

見出しと背景色を入れます。
ダイレクト選択ツールで左側のテキストボックスの上部の2箇所のアンカーポイントをshiftキーを押しながら選択します `01`。shiftキーを押しながら、下方向に垂直にドラッグして、見出しスペースを作成します `02`。

文字ツールで、画面をクリックして、見出しを入力します。今回は「HULICHIKI BURGER」と入力して、書体と文字サイズを設定し、選択ツールで見出しを選択して、グリットに従って配置を整えます `03`。

最後に背景に色を敷きます。新規レイヤーを作成します。名称を「背景」と入力し、レイヤーを一番下の階層に移動させます `04`。

背景レイヤーを選択して、カラーパネルで塗り色を調整します。長方形ツールを選択して、3、4ページと同じサイズの長方形を作成し、カラーパネルで色味を調整して、全体を整えたら完成です `05`。

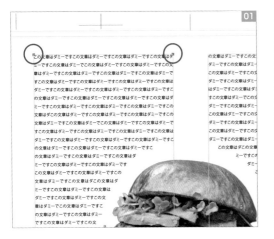

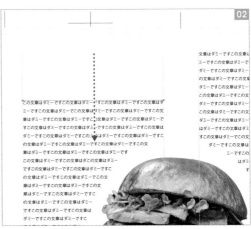

長方形を作成して塗りを設定

入稿データを作成する

01

各アートボードでデザインが完成したら、ドキュメントを保存します。
次に、入稿データに必要なファイルをひとつのフォルダにコピーしてまとめます（パッケージ）。
[ファイル]メニューから[パッケージ]を選択し、[パッケージ]ダイアログ `01` で[リンクをコピー]と[リンクされたファイルとドキュメントを再リン

ク]にチェックを入れ、ダイアログ右上のフォルダアイコンをクリックしてパッケージの保存先を指定します。
表示されるダイアログで保存先を指定し、[パッケージ]をクリックすると、指定した保存先に入稿時に必要なデータのコピーをひとまとめにしたフォルダが作成されます `02`。

02 パッケージ化が済んだら、開いているファイルを閉じて、パッケージ化されたフォルダから、ファイルを開きます。
塗り足しをつけていきます。今回のデザインの場合、表紙と裏表紙に使用している写真、およびP5のテクスチャ、P3とP4の背景には塗り足しが必要なので、ダイレクト選択ツールでトリミング範囲を伸ばしていきます **01**。

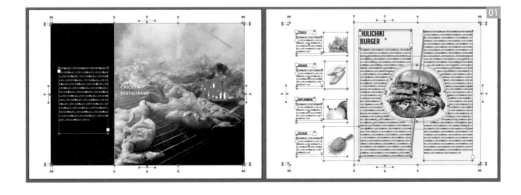

03 選択ツールを選択して、[選択]メニューから[すべてを選択]を選択し、すべてアートボード上のオブジェクトを選択します **01**。
[書式]メニューから[アウトラインを作成]を選択して、すべての文字をアウトラインに変換します（次ページ **02**）。[ファイル]メニューから[別名で保存]を選択して、パッケージ化したフォルダーを指定して、別名保存します、ここでは、「3折り込みリーフレット_OL」と名前をつけました **03**。ファイルを閉じます。

Chapter 4

201

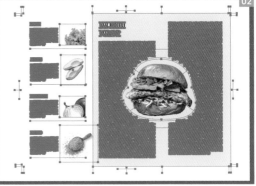

ロックされている
オブジェクトに注意

Attention

オブジェクトにロックがかかっていると選択されないので、ロックをかけた場合は、選択前に［オブジェクト］メニューから［すべてをロック解除］を選択してロックを解除しておきます。

·04·

デスクトップ上で「三つ折りパンフ_print_フォルダー」フォルダを複製し、フォルダ名を「三つ折りパンフ_print_フォルダー_OL」とします `01`。
「三つ折りパンフ_print_フォルダー_OL」フォルダ内で、アウトライン化されていないaiデータは不要なので削除します。これで入稿データの完成です `02` `03`。

アウトライン化されていないaiデータを削除

簡単なパンプレットを作成する

After

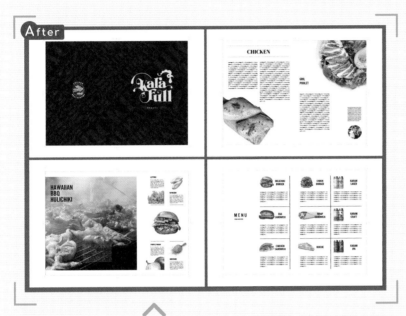

Before

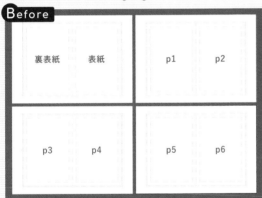

| 裏表紙 | 表紙 | p1 | p2 |
| p3 | p4 | p5 | p6 |

Illustratorでパンフレットなどのページものを制作する場合はアートボードを活用し、ページを見開きごとに並べて制作していきます。

プロはこう考える

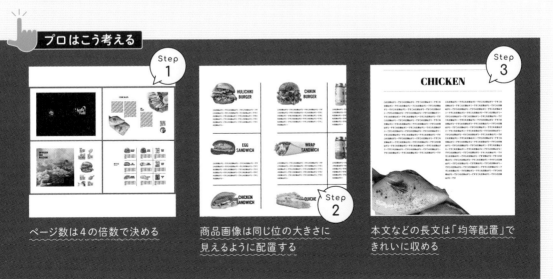

Step 1
ページ数は4の倍数で決める

Step 2
商品画像は同じ位の大きさに見えるように配置する

Step 3
本文などの長文は「均等配置」できれいに収める

新規ドキュメントを作成する

01
複数ページのパンフレットは、見開きの状態で制作することが基本となります。
このサンプルでは、仕上がりがA4サイズ（縦）なので、見開きのサイズはA3（横）となり、A3サイズよりも大きめのドキュメントが必要になります。
まず、[ファイル]メニューから[新規]を選択し、[新規ドキュメント]ダイアログ右側の[プリセットの詳細]エリア **01** 下部にある[詳細設定]をクリックします。

表示される[詳細設定]ダイアログ **02** の[名前]に「パンフレット」と入力します。
サイズは見開きA3よりも大きいB3横サイズを指定しますが、[サイズ]のポップアップメニューに[B3]がない場合は、その下の[幅]と[高さ]に数値で入力します（幅515mm、高さ364mm）。
[方向]で横向きを選択し、[ドキュメント作成]をクリックすると、B3サイズのドキュメントが作成されます **03** 。

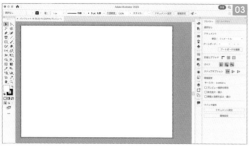

トンボと塗り足しガイドを作成する

・01・

まず、仕上がりサイズの長方形を作成します。ツールバーの[塗りと線]で[線]を[なし]、[塗り]を任意の色に設定し **01**、長方形ツールを選択します。
アートボード上をクリックすると、[長方形]ダイアログが表示されるので、仕上がりのA3サイズを数値（[幅]420mm、[高さ]297mm）で入力します **02**。
[OK]をクリックすると、A3サイズの長方形が作成されます **03**。
作成した長方形を選択した状態で、[オブジェクト]メニューから[トリムマークを作成]を選択すると「トンボ」が作成されます **04**。

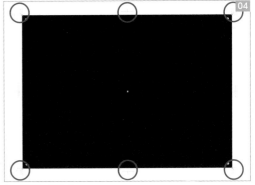

トンボが作成される

02

次に、塗り足しガイドを作成します。仕上がりサイズの長方形を選択し、[オブジェクト]メニューの[パス]から[パスのオフセット]を選択します 01 。[パスのオフセット]ダイアログの[オフセット]に「3」(mm)と入力します 02 。これが塗り足しの幅となります。[角の形状]と[角の比率]はデフォ

ルトのまま([マイター]、[4])[OK]をクリックすると、仕上がりサイズの長方形よりも天地左右3mmずつ大きい長方形が作成されます。
作成した長方形を選択した状態で、[表示]メニューの[ガイド]から[ガイドを作成]を選択すると、図形がガイドに変換されます。 03 。

仕上がりサイズ(A3)の長方形
塗り足しガイド用に3mm広げた長方形

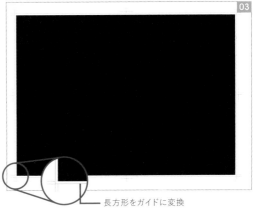

長方形をガイドに変換

ページごとの長方形を作成する

·01·

見開きサイズの長方形を2つに分割して、1ページ、2ページとページを分けていきます。
まず、分割線を作成します。ツールバーの[塗りと線]で[塗り]を[なし]、[線]を任意の色に設定し、ペンツールを選択します 01 。線の色は、長方形と異なる色にすると以後の作業がやりやすいでしょう。
ペンツールで垂直の直線を作成します 02 。

02 見開きサイズの長方形と垂直の線を選択し、再度見開きサイズの長方形をクリックしてキーオブジェクトに設定して（P.053参照）、整列パネルで「オブジェクトの整列」の「水平方向中央に整列」を選択すると、見開きサイズ長方形の中央に垂直線が整列されます **01**。
見開きサイズの長方形と縦線を選択した状態で

「パスファインダー」の「分割」を適用すると見開きサイズの長方形が分割され、ページごとの長方形が作成されます **02**。作成された長方形は、「グループ化」されているので、[オブジェクト] メニューから [グループ解除] を選択しグループを解除しておきましょう。

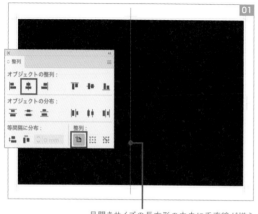

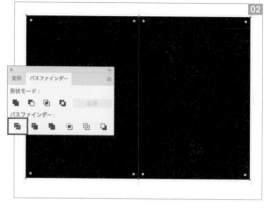

見開きサイズの長方形の中央に垂直線が揃う

版面とマージンを決める

01 版面とマージンを決めます。左側のページの長方形を選択して、[オブジェクト] メニューの [パス] から [パスのオフセット] を選択します。
[パスのオフセット] ダイアログの [オフセット] に「-15mm」と入力し **01**、[OK] をクリックすると、ページの長方形よりも天地左右15mmずつ小さい長方形が作成されます **02**。

同様にして、右側のページの長方形より15mm小さい長方形を作成します。
仕上がりサイズと版面の長方形4つすべてを選択し、[表示] メニューの [ガイド] から [ガイドを作成] を選択して **03**、ガイドに変換します **04**。これで版面とマージンの完成です。

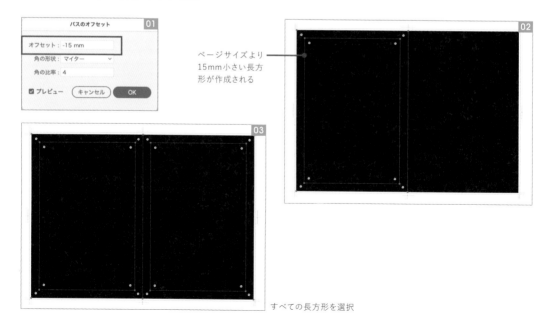

ページサイズより
15mm小さい長方
形が作成される

すべての長方形を選択

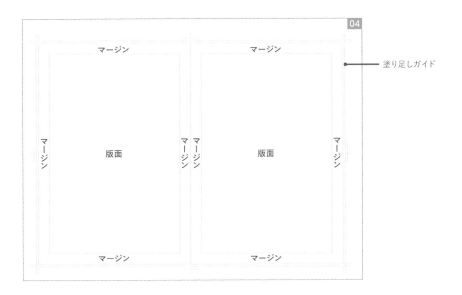

新規レイヤーを作成

塗り足しガイド

マージン　マージン

版面　版面

マージン　マージン

マージン　マージン

マージン　マージン

レイヤーを分ける

01 トンボ、版面、マージンを設定したら、それぞれの
役割ごとにレイヤーを分けていきます。
レイヤーパネルの下端の⊞をクリックして、新規
レイヤーを2つ追加し、レイヤー名を **01** のように
上から「トンボ」「ガイド」「レイアウト」とします。

トンボは「トンボ」レイヤー、その他のガイドは「ガ
イド」レイヤーに移動します（ガイドは、[表示]メ
ニューの「ガイド」から「ガイドをロック解除」を選
択すると、選択できるようになります） **02** 。

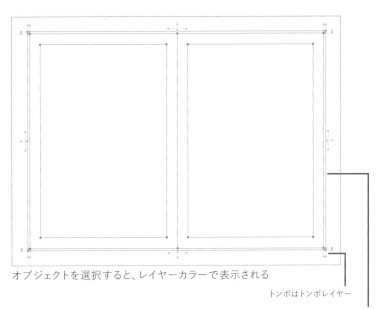

オブジェクトを選択すると、レイヤーカラーで表示される

トンボはトンボレイヤー

ガイドはガイドレイヤー

アートボードを複製してページを増やす

·01·

トンボ、マージン、レイヤー分けが済んだら、アート
ボードを追加して、ページを増やしていきます。
まず、[表示]メニューの[ガイド]から[ガイドをロック
解除]を選択して、ガイドのロックを解除します **01**。
次に、アートボードパネル（[パネル]メニュー→[アー
トボード]）のパネルメニューから[アートボードを複
製]を選択します **02**。すると、現在のアートボードの
複製が作成されます **03** **04**。

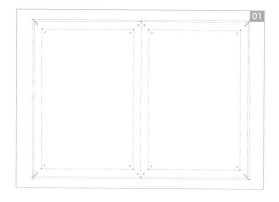

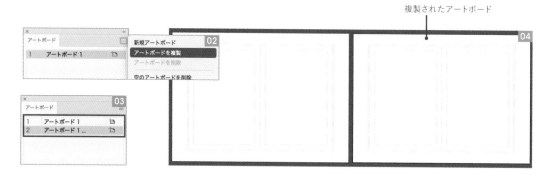

複製されたアートボード

02

同様にして、アートボードを3つ追加します。1アー
トボードにつき見開き2ページ、4アートボードで
計8ページとなります **01**。
ページを増やしたら[表示]メニューの[ガイド]
から[ガイドをロック]を選択し、ガイドが動かな

いようにロックを掛けておきましょう。
さらに、今後作業することはない「トンボ」「ガイ
ド」レイヤーにロックを掛けておくと **02**、作業が
スムーズに行えます。これ以降のレイアウト作業
は、レイアウトレイヤーで行います。

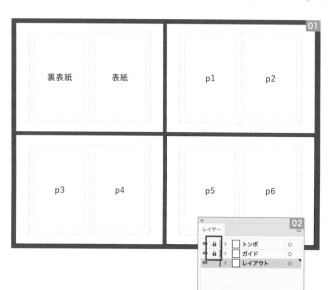

アートボードの並び ⚠ Attention

複製したアートボードが横一列に並ん
だ場合は、ガイドやレイヤーのロックが
解除された状態で、アートボードパネ
ルのパネルメニューから[すべてのアー
トボードを再配置]を選択し、[レイアウ
ト]の[横に配列]（左端のアイコン）を
選択してください（横一列のままでも問
題ありません）。

表紙と裏表紙の背景を作る

01 最初に背景を作ります。このサンプルでは、欧文をモチーフにしたデザインに仕上げたいと思います。
文字ツールで、アートボード上をクリックして「CHICKEN RESTAURANT」(「CHICKEN」で改行)と入力し、中央揃えに設定します **01**。文字パネルでフォントや文字サイズ、行間などを設定します **02** **03**。
入力した文字を選択ツールで選択し、[書式]メニューから[アウトラインを作成]を選択して、文字を図形に変換します **04**。

ここではフォントを「Playfair Display Bold」に設定

02 ダイレクト選択ツールで「CHICKEN」を選択し **01**、選択ツールに切り替え、option〔Alt〕+shiftキーを押して縦横比を保持しながら「RESTAURANT」と同じ幅になるように大きさを調整します **02**。

03 図形化した文字を選択し、option〔Alt〕+shiftキーを押した状態で、ドラッグして複製し **01**、全体が正方形になるように、大きさや方向などを変えながら複製を繰り返していきます **02**(「テクスチャベース.ai」としてサンプルデータに収録)。
オブジェクトをすべて選択して、回転ツールでshiftキーを押しながらドラッグして45°に傾けます **03**。
作成したオブジェクトは、扱いやすいようにグループ化しておきましょう。

04 見開きサイズの長方形（420×297mm）を作成
し、先ほど制作したオブジェクトを含め選択しま
す 01 。

[オブジェクト] メニューの「クリッピングマスク」
から「作成」を選択すると、見開きサイズの長方
形で背面の図形がマスクされます 02 。

見開きサイズの長方形を作成

06 選択ツールに切り替え、オブジェクトを選択した
状態で、[オブジェクト] メニューの [クリッピング
マスク] から [オブジェクトを編集] を選択すると、
クリッピングマスク内のオブジェクトが選択され
ます 01 。

オブジェクトの塗りを白に設定し、透明度を調整
します。背景で使用するのでうるさくならない程
度の濃度に設定します。今回は不透明度を「5%」
に設定しました 02 。これで背景の完成です。

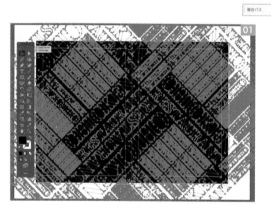

表紙にロゴを配置する

·01·

サンプルデータから「ロゴ.ai」ファイルを開
きます 01 。
[選択] メニューから [すべてを選択] を選択
して、オブジェクトを選択し 02 、[編集] メ
ニューから [コピー] を選択してオブジェクト
をコピーします。

·02·

パンフレットのドキュメントに戻り、ロゴ
用の新規レイヤーを作成します 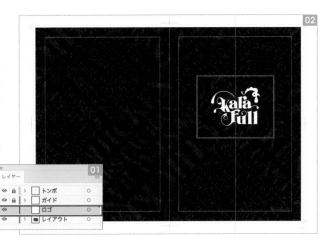 01 。ロ
ゴレイヤーを選択し、[編集]メニューから
[ペースト]を選択してロゴデータを配置
します。
カラーパネルで塗りを白色に変えて、サイ
ズや位置を調整します 02 。これで表紙
の完成です。

裏表紙を作成する

●画像を円形に配置する●

·01·

裏表紙用の新規レイヤーを作成します 01 。
裏表紙レイヤーを選択し、楕円形ツールで裏表紙の
水平方向の中央部分にカーソルを合わせて、option
〔Alt〕キーとshiftキーを押しながらクリックします。
[楕円形]ダイアログが表示されるので、[幅]40mm、
[高さ]40mmと入力し 02 、[OK]をクリックすると、
クリックした点を中心に円が作成されます 03 。

裏表紙の長方形の水平
方向中央に円を作成

·02·

円の中に写真を配置します。選択ツールで円を選択
し、ツールバーの[描画方法]から[内側描画]を選択
すると 01 、選択されている円の周りに囲みが表示さ
れます 02 。

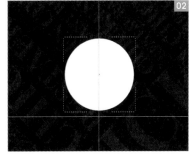

Chapter

4

211

03

［ファイル］メニューから「配置」を選択し、写真を選択して、「リンク」にチェックを入れ、「配置」をクリックします 。
カーソルで円上をクリックすると、円の中に写真

が配置されます。shiftキーを押しながら大きさを調整し、位置を整えます 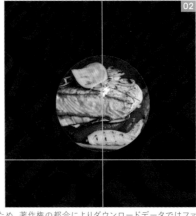。
作業が終わったら、［描画方法］を［標準描画］に戻しておきます 。

※以降で使用している配置画像はAdobe Stockの写真を利用しているため、著作権の都合によりダウンロードデータではファイル番号を記載したグレーの画像に変更しています。同じ作例を作成したい場合は、ご自身でAdobe Stockから画像をダウンロードしてお試しください。

04

写真と背景とのコントラストが少ないので、マスクに輪郭線を入れましょう。
ダイレクト選択ツールでマスク部分（円）を選択します 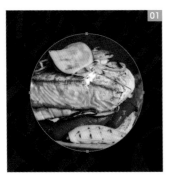。［線］を白色に設定し 、線パネルで

［線幅］を1.5ptとします 。
写真と背景とのコントラストが生まれ、引き締まった印象になります 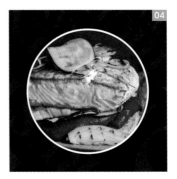。

・05・

写真の円に沿って文字を並べます。楕円形ツールを選択し、写真の中心にカーソルを合わせ、option〔Alt〕キーとshiftキーを押しながらドラッグして、写真よりもひと回り大きい円を描きます 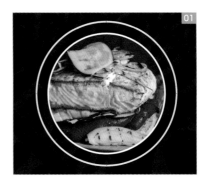。この円に沿って文字を入力していきます。

06 ひと回り大きい円を選択し、パス上文字ツール 01 を選択して、円のパス上をクリックすると、 02 のようにブラケットが表示されます。
[塗り]を白色に設定し 03 、段落パネルで[中央揃え]を選択して 04 、「CHICKEN」と入力します 05 。

文字を入力すると大きな縦線（ブラケット）が3箇所に表示されます。1 2 は文字の両端、3 は中央に表示されます。1 2 をマウスでドラッグする事で文字の範囲や文字の移動ができます。今回は、文字が上中央になる様にブラケットを移動しました 06 。

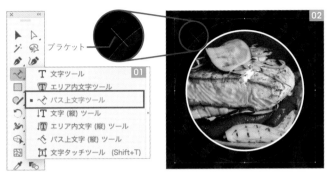

ブラケット

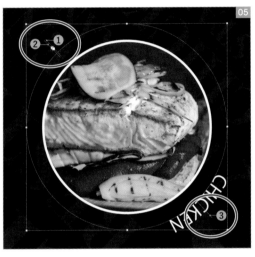

·07·

文字パネルで書体を選び、文字サイズと文字間隔を調整します。このサンプルでは、書体を Sofia Pro Semi Bold、サイズを20pt、文字間隔を50に設定しました 01 02 。

08 次に円形の下部に「RESTAURANT」と入力します。「CHICKEN」の文字をコピー&ペーストして書き換えることにします。
まず、選択ツールで「CHICKEN」を選択し、[編集]メニューから「コピー」を選択します。
続けて、「CHICKEN」を選択したまま、[オブジェクト]メニューから「ロック」から「選択」 01 を選択して、オブジェクトをロックします。
[編集]メニューから[同じ位置にペースト] 02 を適用すると、先ほどコピーした「CHICKEN」が同じ位置にペーストされます 03 。
1 2 のブランケットの位置を調整して文字を対面に移動します 04 05 。円の上下に文字が配置されました。

·09·

文字ツールを選択し、「CHICKEN」テキスト上をダブルクリックして 01 、「RESTAURANT」と入力します 02 。

·10·

選択ツールで「RESTAURANT」を選択し、3 のブランケットを垂直方向にマウスをドラッグすると文字の上下を反転します 01 02 。

11 「RESTAURANT」の文字が写真に重なっているので、拡大・縮小ツール で、shiftキーを押しながらドラッグし、「CHICKEN」の外周にあたる部分と大きさが同じになるように揃えます   。

12 最後に、「RESTAURANT」が「CHICKEN」よりも文字サイズが大きくなっているので文字の大きさを揃えます。「RESTAURANT」を選択した状態でスポイトツールを選択し、「CHICKEN」の上をクリックすると  、大きさが揃います  。これで、裏表紙の完成です 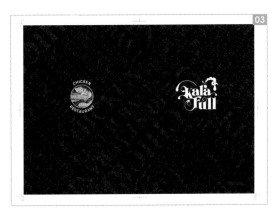 。

P.1、P.2を制作する

●グリッドガイドの作成●

·01·

新規レイヤーを作ります。レイヤー名は「P1.2」とつけました。
パンフレットなどのページ物を作るときに重宝するのが「グリッド」と言われる「ガイド」になります  。
「グリッド」に合わせてレイアウトを行うことで、スッキリとした印象のデザインが実現できます。Illustratorでは簡単にグリッドを作成する機能があるので早速制作していきましょう。

グリッドを基準にレイアウトを行うと、配置の基準が明確なり、スッキリとした印象のデザインに仕上がる

·02·

まず、長方形ツールで、版面と同じ大きさの長方形を
作成します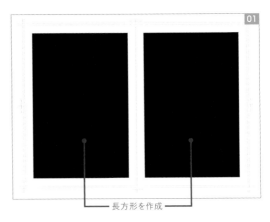

01。
左側（P.1）の長方形を選択し、［オブジェクト］メニュー
の［パス］から［グリッドに分割］を選択すると、［グリッ
ド に分割］ダイアログが表示されます 02。［プレ
ビュー］にチェックを入れ、［行］と［列］の段数を決め
ていきます。ここでは、［行］の「段数」を「6」、［間隔］
を「7」、［列］の［段数］を「4」、［間隔］を「7」に設定し、
［OK］をクリックします。
長方形が、指定した段数と間隔で分割されます 03。

長方形を作成

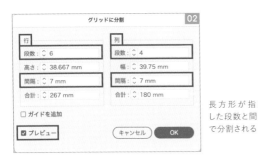

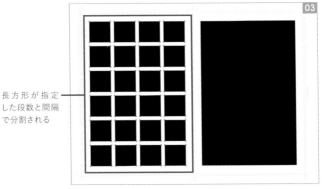

長方形が指定
した段数と間隔
で分割される

03 分割したオブジェクトがすべて選択された状態
で、［表示］メニューの［ガイド］から［ガイドを作
成］を選択し、オブジェクトをガイドに変換します

01。以上の作業を右側のページの長方形にも
行います。これでグリッドの完成です 02。

●画像の配置とトリミング●

04 グリッドを目安にレイアウトを行います。最初に
画像を配置していきます。［ファイル］メニューの
［配置］を選択し、表示される［配置］ダイアログ
で画像を選択し、［リンク］にチェックを入れ、［配
置］をクリックして、画像を配置します 01。

配置後、仕上がりのイメージをもとに、配置画像
の位置を調整します 02。最後に調整するので
おおよその位置でかまいません。

·05·

画像の位置が決まったら、配置画像をトリミングしていきます。まず、長方形ツールを選択し、配置画像の表示させたい箇所に四角形を作成します 01 。

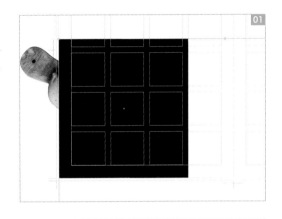

·06·

四角形と配置画像を選択した状態で 01 、[オブジェクト] メニューの [クリッピングマスク] から [作成] を適用すると、画像がトリミングされます 02 。

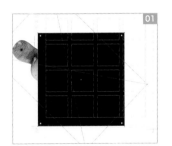

Memo

トリミング図形の前後関係に注意

画像をトリミングする際は、トリミング箇所を指定する図形が配置画像の上に載っていないと適用されません 01 02 。

○ トリミング可能　　　✕ トリミング不可

·07·

同様のトリミング操作をほかの画像にも行います 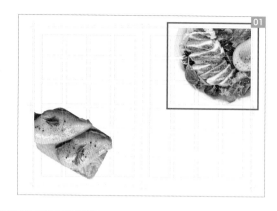。トリミング箇所を編集したい場合はダイレクト選択ツールで画像を選択するか、[オブジェクト]メニューの[クリッピングマスク]から[オブジェクトを編集]を選択します。

・本文のレイアウト・

08 次に、テキストを割り付けます。ここでは、本文を2段で組んでいきます。
本文などの長文は、テキストエリアの両端をきれいに揃えることが基本となるため、段落パネルで[均等配置(最終行左揃え)]に設定します 。

1段目のテキストエリアを作成します。最初に、長方形ツールでテキストを流し込む範囲を決めます。ここで役立つのがグリッドです。まずは、グリッドを基準に1段目の長方形を作っていきましょう 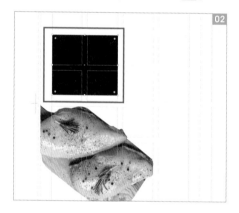。

10 割り付けるテキストをテキストエディタで開いて、コピーします。Illustratorに戻り、文字ツールを選択して、長方形のパス上をクリックすると、長方形の塗りがなくなり、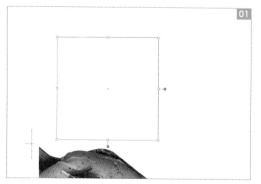のような表示に切り替

わります。この状態で、先ほどコピーしたテキストをペーストすると、テキストエリア内に割り付けられます 。

·11·

先ほど作成したテキストエリアには、右下に小さく⊞のアイコンが表示されているのが確認できます 01 。これは、テキストエリア内に収まりきらないテキストがある場合に表示されるアイコンです。
⊞アイコンを選択ツールでダブルクリックすると、2段目のテキストエリアが作成されます 02 。

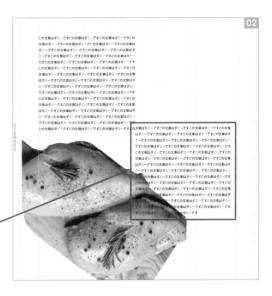

ダブルクリック

·12·

作成されたテキストエリアをグリッド合わせて配置します 01 。
同様にして、右側（P.2）のページにもテキストを割り付けます。
版面とグリッドに合わせて、他の要素を配置すれば、1、2ページの完成です 02 。

CHICKEN

GRIL
POULET

P.3、P.4を制作する

·01·

新規レイヤーを作ります。ここでは、「P3.4」と名称を
つけました。
まず、P.1、P.2で使用したグリッドをP3、P.4のアート
ボードにコピーします。
P.1、P.2のアートボードで、[表示]メニューの[ガイド]
から[ガイドをロック解除]を選択し、ガイドをコピー
します。
P.3、P.4のアートボード上をクリックして[編集]メ
ニューから「同じ位置にペースト」を選択すると、同じ
位置にペーストされます 01 。

P3、P.4のアートボード

·02·

配置する写真の位置とサイズをグリッドを基準にして
決めていきます。
まず、長方形ツールで写真の範囲を指定します 01 。

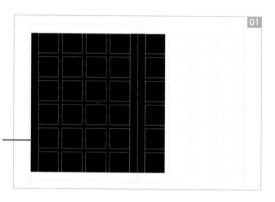

写真のサイズと位置を
指定する長方形を作成

03

写真サイズと位置を決めたら、画像を配置しま
す 01 。この状態だと、トリミングができないの
で、背面の長方形を写真の前面に移動します。

写真を選択し、[オブジェクト]メニューの「重ね
順」から「最背面へ」を選択して、写真を背面に送
ります 02 。

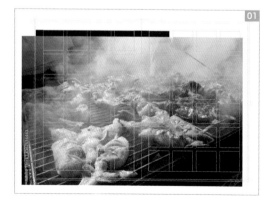

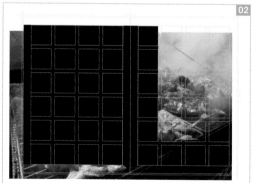

·04·

長方形と写真を選択して、マスクを作成し、トリミング位置を調整します 01 。

·05·

文字ツールを選択して写真の上に文字を入力し、書体、サイズなどを決めていきます。
グリッドを意識するとバランスの取れた位置に配置できます 01 。

06

紙面右側（P.4）をレイアウトしていきます。まず、長方形ツールで画像やテキストの配置位置をグリッドを基準に決めていきます 01 。

配置位置を決めたら、P.218「本文のレイアウト」と同様の手順でテキストを割り付け 02 、書体やサイズを調整します。

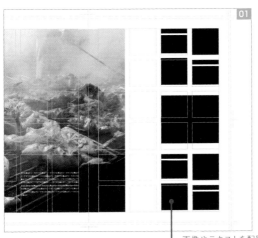

画像やテキストを配置する長方形を描く

·07·

ボックス内に写真を配置していきます。描いた長方形を選択して 01 、ツールバーの［描画方法］を［内側描画］に切り替えます 02 03 。

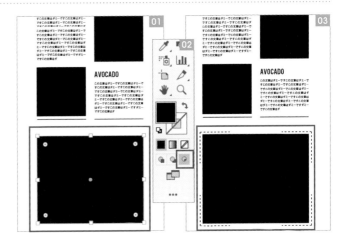

Chapter 4

08　［ファイル］メニューから［配置］を選択し、画像ファイルを選択して配置します `01`。選択ツールと拡大・縮小ツールでトリミング位置を調整して、四角形の［塗り］を［なし］に設定します `02`。

配置ができたら、［描画方法］を［標準描画］に戻します。この作業を繰り返して画像を配置していきます `03`。

09　最後に、全体のデザインを調整します。グリッドに縛られすぎて、紙面に動きがないので、グリッドから写真をはみ出させてみます。ダイレクト選択ツールで四角形のパス上を選択します `01`。shiftキーを押しながらパスを移動させ、トリミング範囲を広げます `02`。
ほかの写真も同様に変化を付け、要素同士の間隔を調整して完成です `03`。

グリッドは配置位置を決める目安なので、最終的には、認識しやすく、見た目に美しくなるように要素同士の間隔などバランスを微調整しよう

P.5、P.6を制作する

·01·

新規レイヤーを作ります。ここでは、「P5.6」と名称をつけました。
「P3.4」のときと同様に（P.220参照）、P.1、P.2で使用したグリッドをP5、P.6のアートボードにコピー&ペーストします **01**。

0̈2

ペンツールを使い、グリッドを基準にして写真とテキストを配置するエリアを作成します **01**。

長方形ツールで画像とテキストを配置する位置を決めます **02**。

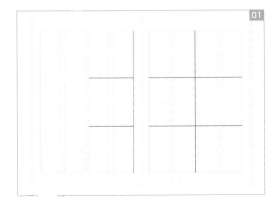

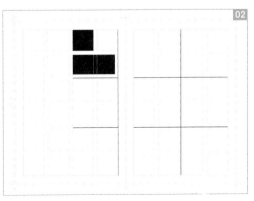

Chapter 4

·03·

テキストと写真を 01 のように配置します。
同じレイアウトを複数作成する場合は、1つのレイアウト
を決め、それをひな形として複製していくと効率的です。
選択ツールで、ひな形のオブジェクト全体を選択し、
command〔Ctrl〕+option〔Alt〕+shiftキーを押しながら、
垂直下方向にドラッグして、複製します 02 。

command〔Ctrl〕
+option〔Alt〕
+shift+ドラッグ

command〔Ctrl〕
+option〔Alt〕
+shift+ドラッグ

04

今度は、同じようにすべてのオブジェクトを選択
して、command〔Ctrl〕+option〔Alt〕+shiftキー
を押しながら、水平右方向にドラッグして、複製し
ていきます 01 02 。

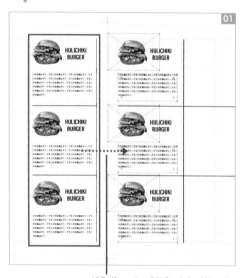

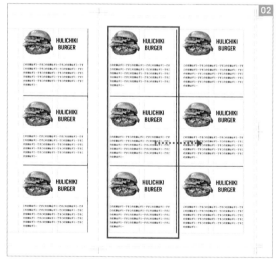

command〔Ctrl〕+option〔Alt〕+shift+ドラッグ

·05·

雛形が完成したので、写真を置き換えていきます。
置き換えたい写真を選択し、［ファイル］メニューから
［配置］を選択して、［配置］ダイアログで、置き換え
る写真を選択し、［置換］にチェックを入れ、［配置］を
クリックすると 01 、選択した写真に置き換わります
02 。同じやり方でほかの写真を置き換えていきま
す。最後に、写真の位置やサイズを調整します 03 。

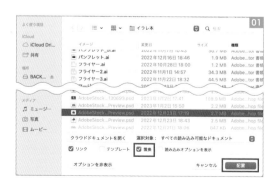

画像を入れ替えた   ほかの画像も入れ替えた

・**06**・

次にテキストを入れ替えます。あらかじめ差し替えテキストをコピーしておき、パンフレットに戻って文字ツールで差し替えるテキスト全体を選択し 01 、ペーストすると、文字が入れ替わります 02 。
同様にして、文字を入れ替えていきます。
全体を微調整してデザインの完成です 03 。

差し替えるテキスト全体を選択

コピーしたテキストをペーストして入れ替える

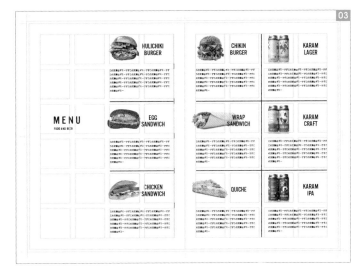

入稿データを作成する

01 デザインが完成したら「ファイルを保存」します。保存が完了したら、入稿用にデータをまとめたパッケージフォルダを作成します。
[ファイル]メニューから「パッケージ」を選択し、表示される[パッケージ]ダイアログで[リンクを別のフォルダーに収集]のチェックを外し、[リンクされたファイルとドキュメントを再リンク]にチェックを入れます 01 。

ダイアログ右上のフォルダアイコンをクリックして、パッケージの保存先を指定します。
[フォルダー名]にフォルダ名を入力し、[パッケージ]をクリックすると、指定したフォルダに印刷時に必要なデーター式が格納されます 02 。入稿データを作る際は、パッケージ化したフォルダ内のデータで作業を行っていきます。

パッケージの保存先を指定

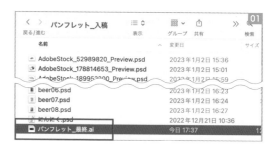

·02·

パッケージが完了したら、開いているファイルを閉じます。
入稿データとわかるように、パッケージされたフォルダの作業データはファイル名を変えておきましょう。ここでは「パンフレット_最終.ai」と変更しました 01 。

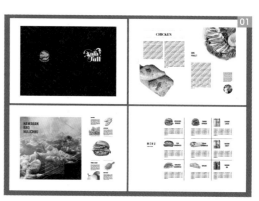

·03·

パッケージ化したフォルダから作業データ「パンフレット_最終.ai」を開きます 01 。
塗り足しをつけていきます。今回のデザインの場合、表紙の背景と、p2、3、4で使用している画像には塗り足しが必要なので、ダイレクト選択ツールでトリミング範囲を伸ばしていきます 02 ～ 05 。

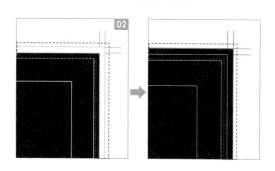

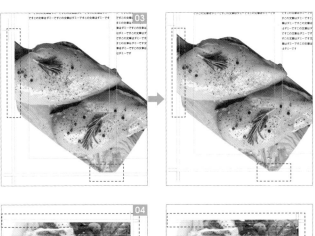

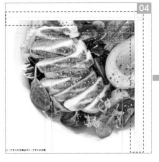

·04·

入稿時には、使用している書体をすべてアウトライン化することが必須です。

アウトライン化する前に、選択ミスがないように、[オブジェクト]メニューから[すべてをロック解除]を選択し、すべてのオブジェクトのロックを解除します。

[選択]メニューから[すべてを選択]を選択し **01**、[書式]メニューから[アウトラインを作成]を選択するとすべての文字がアウトライン化されます **02**。

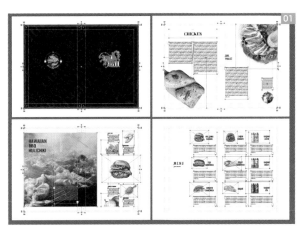

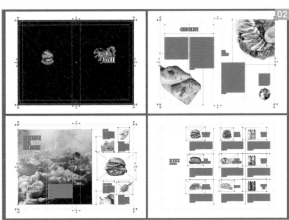

Chapter 4

·05·

現在のファイルを別の名前で保存します。[ファイル]
メニューから[別名で保存]を選択し、パッケージ化し
たフォルダーに保存します。ここでは「パンフレット_
最終_ol.ai」とつけました 。ファイルを閉じます。

·06·

印刷時には、印刷に必要なデータ以外は不要なので、
削除しておきます。
デスクトップ上で「パンフレット_入稿」フォルダを複
製し、フォルダ名を「パンフレット_入稿_ol」に変更し
ます 。
「パンフレット_入稿_ol」フォルダ内で、アウトライン
化されていないaiデータを削除します 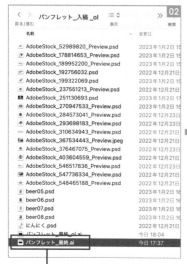 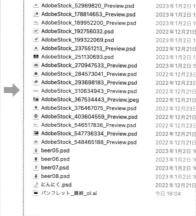。これ
で入稿データの完成です。

「パンフレット_入稿」フォルダを複製して、
「パンフレット_入稿_ol」と名前を変更

「パンフレット_最終.ai」を削除

06 バナー画像を作成する

After

Before

Illustratorでバナーなどを作成する利点は、ひとつのドキュメント内にバナーのサイズにあわせて複数のアートボードを作成し、同時に制作・管理できることです。ベクター形式なのでリサイズ、加工なども簡単で、解像度もとくに気にすることなく出力できます。ここでは図のようなサイズの異なる2つのバナーを、複数のアートボード上で作成してみます。

プロはこう考える

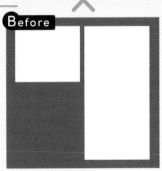

Step 1
バナーサイズのアートボードを作成する

Step 2
小さい方のサイズのバナー画像を仕上げる

Step 3
パーツを組み替えて大きい方のサイズにリサイズする

アートボード：IllustratorとPhotoshopの比較

Illustratorでバナーなどを作成する際、一つの
Illustratorファイルに複数のバナーを作成し、同時に
管理するのが効率的です。Photoshopでもアートボー
ドを複数配置することができますが、Illustratorで作
成する利点としては次のようなものがあります。

・**レイアウトがしやすい**
Illustratorは元々イラストやレイアウトに特化した
アプリケーションです。そのため、レイアウトの決
めまでの操作がPhotoshopなどに比べると軽快
で触りやすいと言えます。

・**ベクターデータが触りやすい**
昨今のWebサイトではSVGを使ったベクター形
式のデータをアイコンやロゴで使用することが一
般的です。元々ベクターデータの操作を前提に
作られているIllustratorにとっては得意分野です
ので、加工や調整は他のアプリケーションと比べ
ても頭ひとつ抜けていると言えます。

・**文字組みがしやすい**
テキストデータを活用するWebサイトに比べて、
バナーは文字を含めて一枚の画像として書き出
します。そのため、細かな文字組も印刷物と同様
に行えるIllustratorはバナーに向いていると言え
ます。

・**リサイズによる解像度の変更に対応しやすい**
バナーのように複数のサイズ展開をする場合、画
像主体のPhotoshopに比べて、ベクターで作成
するIllustratorはリサイズに強いと言えます。リ
ンクされた画像などは例外ですが、基本的には
サイズごとの細かな設定や解像度をほぼ気にせ
ずに作業することができます。

ここではIllustratorで2つのアートボードを使って300
×250pxと、300×600pxのバナーを同時に作成して
みましょう。

アートボードの設定

01
［ファイル］メニューの［新規］から新規ドキュメン
トのホーム画面を開き、上部のメニューから
［Web］のプリセットを選択します。
ここではオリジナルのサイズとして、右のプリセッ
トの詳細で［幅］300px、［高さ］250pxと数値を

入れ、最後に［アートボード］を2にして作成をし
ましょう 01 。
アートボードの数を指定したことで、同じサイズ
のアートボードが2つ作成されます 02 。

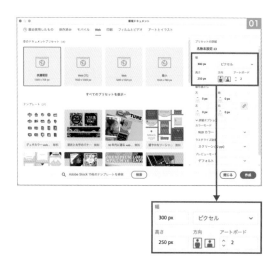

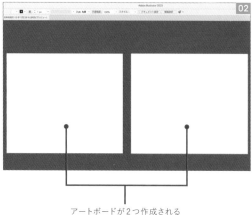

アートボードが2つ作成される

02 ここで「アートボード2」のサイズを変更しますが、サイズを変更するには大まかに2つの方法があります。

一つはツールパネルからアートボードツール **01** を選択し、変更したいアートボードをクリックで選択後、再びアートボードツールのアイコンをダブルクリック、またはアートボードツールを選択した状態でreturn〔Enter〕キーを押して［アートボードオプション］ダイアログ **02** を開き、［幅］や［高さ］の数値を再設定する方法です。

もう一つは、ツールパネルからアートボードツールを選択し、変更したいアートボードをクリックで選択後、プロパティパネルの［変形］の［W］や［H］で設定する方法です **03** 。

今回はどちらの方法でもかまわないので、［高さ］または［H］を600pxに変更してください。

変形する際は、変形の基準点がどこにあるかでアートボードが広がる方向が変わります。ここでは下方向に伸びてほしいので、基準点の上をクリックして変更してから、アートボードを変形します **04** 。

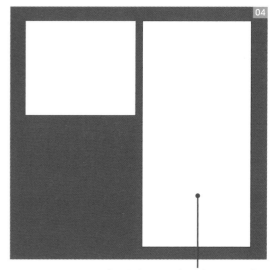

「アートボード2」の高さ（H）を600pxに変更

---

03 ［アートボードオプション］ダイアログでサイズを変更した場合は、アートボードの名前も変更できますが、まとめて変更したいのでここではアートボードパネルを開きます。

各アートボードの名前部分をダブルクリックして、それぞれ「300x250」「300x600」と変更し **01** **02** 、名前からサイズがわかるようにしておき

ましょう。

ここで設定した名前は、後々画像として書き出す際にファイル名として使われます。

もしも同じようなサイズ、デザインのバナーが複数存在する場合は、日時、バナーの種類、サイズなど、複数の要素をここで設定しておくとよいでしょう **03** 。

03

2023-04-01-ad_banner-300x300

アートボードの名前の付け方の例。「2023-04-01」は作成日または使用日、「ad_banner」はバナー名、「300x300」はサイズ、それぞれをハイフン「-」でつなぐ

背景の作成

01 背景画像を300×250のアートボードに配置します。[ファイル]メニューから[配置]を選択して表示されるダイアログでサンプルデータの「nogata-shikun～.jpeg」ファイルを選択します。

デスクトップ上で画像ファイルをIllustratorのアートボードにドラッグして配置することもできます 。

リンクと埋め込み　⚠ Attention

ドラッグで画像を配置する際、何もキーを押さずにドラッグすると「リンク配置」になります。
ShiftキーやCaps Lock（⇪）をかけている状態でドラッグすると、画像は「埋め込み」になります。
見た目はどちらも変わりませんが、バナーのような画像を複数配置するものはファイル容量が大きくなりがちなので注意しましょう。

Memo

配置された画像は、その解像度設定等により100％サイズで配置されるとは限りません。
画像の実際のピクセル数（サイズ）を確認するには[ウィンドウ]メニューから[リンク]を開いて確認してください。
ここで配置する画像がレイアウトサイズよりも小さい場合は画像が粗くなってしまいます。

·02· 画像を仮配置します。ここでは少し左に寄せた状態で画像を配置しておきます 。

バナーなどを画像として書き出す場合は、基本的にアートボードサイズで自動的にトリミングされた状態で書き出されるので、マスク処理が必須ということはありません。しかし、不要な部分が表示されていると、実際に作業を進める上でどうしても実寸が判断しにくいので、ここではマスクしておくことにします。

03 アートボードと同じ300×250pxの長方形を作成し、整列パネルで[アートボードに整列]を選択してから、[水平方向中央に整列]および[垂直方向中央に整列]をクリックすると 01 、長方形をアートボードの中央に配置できます 02 。

続けて、背景画像と長方形両方を選択し、[オブジェクト]メニューの[クリッピングマスク]から[作成]を選択すると 03 、背景画像が300×250pxの長方形でマスクされます 04 。

300×250pxの長方形を
アートボード中央に揃えた

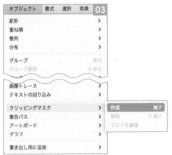

マスクした結果

● ● ● ● ● ● ● ● ● ● ● ● ● ● ● ● ● ●

トリミング表示

［表示］メニューから［トリミング表示］ 01
にすると、マスクしなくてもアートボード内
だけを表示する状態に切り替えることが
できます 02 。ただし、表示する要素を選
ぶことはできません。たとえば、アートボー
ド外に置いた予備のテキストや保留のイ
ラストなどは見えなくなってしまうので気
をつけましょう。

罫線の配置

·01·

飾り用の白い罫線を作成します。この罫線は290×
240pxで、アートボードよりも10pxずつ小さい長方形
として作成します 01 02 。

ピクセルの値に注意

01の長方形をドラッグで作成すると、状況によっては
サイズのピクセル値が整数ではなく、小数値が入った
ものになってしまう可能性があるので注意しましょう。
サイズに小数点が入ると、書き出した際に罫線がボケ
てしまう原因となります（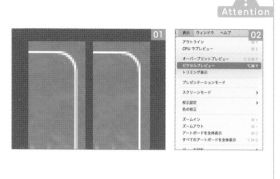01左：サイズや位置がずれ
ている／01右：正しい位置）
デザインを進めている途中でピクセルでどう見えるか
確認したい場合は、［表示］メニューの［ピクセルプレ
ビュー］02に切り替えると、ピクセルでの見え方の参
考になります。

·02·

長方形をアートボード中央に整列し、［塗り］を［なし］、
［線］の色を白（#ffffff）、線の幅を1px、角丸（外側）
を10pxに設定します 01 02 。

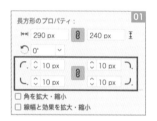

03 キャッチコピー、50%OFF表記、キャンペーンテキ
ストは素材としてアウトライン化したものがある
ので、サンプルデータ「素材.ai」を開いて、コピー
&ペーストで配置します。
「自然や文化を〜冒険体験」の3行は左右中央
に、それ以外は自由に配置してみましょう 01 。

·04·

最後のパーツとしてロゴの入ったリボンを配置します 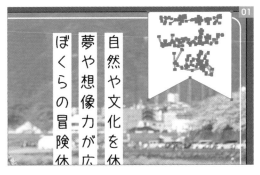。リボンにはドロップシャドウ効果を設定しましょう。[効果] メニューの [スタイライズ] から [ドロップシャドウ] を選択し、表示されるダイアログで [描画モード] を [乗算]、[不透明度] を30%、[X軸オフセット] を0px、[Y軸オフセット] を2px、[ぼかし] を2pxとして、[OK] をクリックします 。

この際、[効果] にある [ドキュメントのラスタライズ効果設定] に注意してください（P.170「解像度の設定」参照）。

Memo

Webなどの場合、乗算やスクリーンなどの描画モード表現にはさまざまな制限があり、ブラウザなどユーザーの環境に依存してしまうため、コンテンツに特殊な効果がつくものは実装側で避けられがちです。

しかし、バナーなど最終的に一枚の画像として書き出す場合は、描画モード表現の制限を受けることがないのでその心配はありません。

リサイズする

多くの広告バナー（ディスプレイ広告）は、ほぼ同じデザイン・要素で、サイズだけ300×300px、300×250、300×600px、728×90pxなど、さまざまな比率で展開して使用されます。そのためバナー制作にはリサイズという作業が必須になってきます。

ここでは、メインとなるデザイン（300×250px）をベースに、縦型の300×600pxにリサイズする際の注意点とポイントを確認していきます。

·01·

まず、300×250で配置したパーツ（ここではマスク画像）を300×600のアートボードにコピーします。画像を再レイアウトする際は、[縦横比を固定] のチェーンアイコンのロックを外します 。

チェーンアイコンのロックを外す

02 背景画像に変形をかけますが、マスクのかかった画像をそのまま高さを変えると、画像自体に変形がかかってしまいます 。

そこで、マスク画像を選択ツールでダブルクリックし、<クリップグループ>というレイヤーを表示します 。これはグループやマスクなど、複数の要素を合わせて作成しているオブジェクトグループ内のパスやオブジェクトレイヤーを選択、

加工することができる機能で、状況によってはレイヤーウィンドウで指定するよりもすばやく、任意のレイヤーを選ぶことができます。

ダブルクリックを繰り返すとさらに1段階ずつ深いレイヤーに入ることができ、Illustratorのワークスペース上部で現在どのレイヤーが選ばれているかわかります。

画像を変形して
しまった失敗例

・03・

<クリップグループ>レイヤーを選んだ状態で、マスクの元となる長方形を選択し、高さ（H）を600pxに指定しアートボードに合わせます 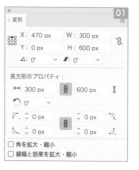。

・04・

画像のリサイズは、<クリップグループ>のレイヤーでさらに画像部分ダブルクリックして<リンクファイル>のレイヤーまで入るとわかりやすくなります。

<リンクファイル>のレイヤーで画像をshiftキーを押しながら任意のサイズでレイアウトします。ここでは子供が少し左に寄った状態で配置しています 。

仮レイアウトができたあとは、escキーでレイヤーの選択モードから抜けます。

·05·

その他のパーツはそのままリサイズ、変形をして配置すればほぼ問題はありません 。

長方形の角丸や線幅が予期したようにリサイズされない場合は、[環境設定]ダイアログの[一般]([Illustrator]メニューの[設定]→[一般]、Windowsは[編集]メニューの[環境設定]→[一般])の設定を確認してみましょう 。

[角を拡大・縮小][線幅と効果も拡大・縮小]などのチェックが入っていると、角丸自体が変形したり、線幅が変わったりするので注意しましょう。

画像の書き出し

·01·

[ファイル]メニューの[書き出し]から[スクリーン用に書き出し] 01 を選択します。

過去のバージョンでは[Web用に保存(従来)]が主な書き出しでしたが、現在では[スクリーン用に書き出し]も追加されてます。ここでは[スクリーン用に書き出し]を使用して書き出してみましょう。

Memo

[スクリーン用に書き出し]は任意のアートボードやアセット(パーツ)を複数指定して書き出すことができ、さらにSVG形式での書き出しも利用できるので、Web用に複数の要素をまとめて書き出したい場合などに効率的です。

[Web用に保存(従来)]は選択中のアートボードのみを書き出します。[スクリーン用に書き出し]と比べ、データサイズやディザなどの詳細設定や、Web特有のスライス書き出しを行うことが可能です。

---

02 [スクリーン用に書き出し]ダイアログ(次ページ 01)の初期設定では[アートボード]のタブが選択された状態になっています。

[選択]では、すべてのアートワークを書き出すので[すべて]を選択します。

[書き出し先]は、任意の場所を指定してください。[書き出し後に場所を開く][サブフォルダーを作成]は、ここでは初期設定通り選択されたままにしておきます。

[フォーマット]は[拡大・縮小]を[1x]、[形式]を[JPG 100]に設定します。ほかに[JPG 80][JPG 50]がありますが、これらは画質の違いです。最大値は100となるので、ここでは[JPG 100]を選択します。

[拡大・縮小]の[1x]は1倍(等倍)、[2x]は2倍のスケールで書き出すという意味です。ここでは[1x]を選択しておきます。

[サフィックス]は書き出したファイル名に任意の

文字を追加する機能です。
たとえば「なし」で書き出すと、ファイル名は「300x250.jpg」「300x600.jpg」となりますが、これを「300x250-banner.jpg」「300x600-banner.jpg」としたい場合は、[サフィックス]に「-banner」と入れておくと自動的に追記してくれます。
[+スケールを追加]をクリックすると、フォーマットが1行追加され、複数の設定（たとえば2倍のpngと等倍のjpgの2種類）を、同時にまとめて書き出すことができます。

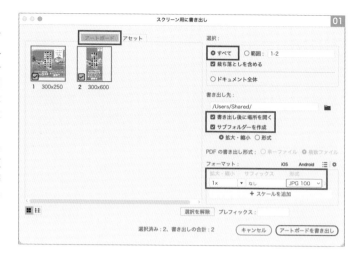

03 [スクリーン用に書き出し]ダイアログの[フォーマット]の右端にある歯車アイコン **01** をクリックすると、[形式の設定]ダイアログが表示され、ファイル形式の詳細な設定ができます **02**。
PNG、JPGなどの項目が並びますが、ここでは使用する[JPG 100]を選択します。
[アンチエイリアス]は初期設定では[文字に最適（ヒント）]になっていますが、ここでは[アートに最適（スーパーサンプリング）]に変更します。
アンチエイリアスとは、ピクセルに変換して書き出す際に、細かな部分のぼかしの詳細度と考え

るとよいでしょう。
[文字に最適（ヒント）]はなるべくぼかしを抑え、はっきりした強弱のある表現にします。[アートに最適（スーパーサンプリング）]はできるだけ自然なぼかしで表現します。
[文字に最適（ヒント）]はアンチエイリアスが弱く、ガタガタした印象になるので、バナーなどではお勧めしません。
設定後、[設定を保存]をクリックしてダイアログを閉じます。

[形式の設定]ダイアログの項目は[ファイル]メニューの[書き出し]→[書き出し形式]の[書き出し]ダイアログで、[書き出し]をクリックすると表示される[オプション]ダイアログにも表示される

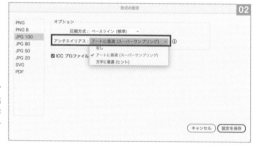

04 [スクリーン用に書き出し]ダイアログの[アートボードを書き出し]をクリックして書き出します。
[書き出し後に場所を開く]をチェックしていると、保存先のフォルダがデスクトップで自動的に開き

ます。今回は1x（等倍）で書き出したので「1x」フォルダが作成され、その中に2つのバナーが書き出されます **01**。

07

ランディングページのデザイン

広告などから直接訪問するサービスやキャンペーンのページは、一般的にランディングページ（LP）と呼ばれますが、通常のコーポレートサイトなどに比べて広告色が強く、レイアウトやグラフィック表現も自由度の高いデザインが求められることが多くなります。

通常はWebデザインの制作にあまり使われることのないIllustratorも、キャンペーンのLPなどに関しては、自由度の高いデザインが可能なアプリとして、利用を検討してみてもよいでしょう。

媒体別データ作成のポイント

プロはこう考える

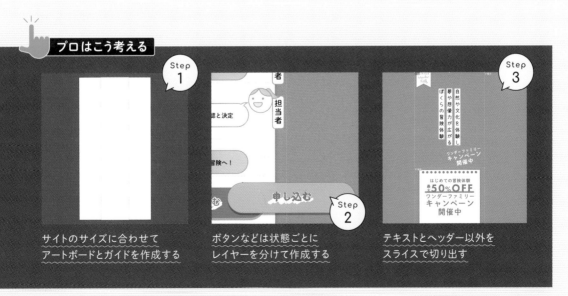

Step 1
サイトのサイズに合わせて
アートボードとガイドを作成する

Step 2
ボタンなどは状態ごとに
レイヤーを分けて作成する

Step 3
テキストとヘッダー以外を
スライスで切り出す

Chapter 4

アートボードの設定

01
［ファイル］メニューから［新規］を選択し、［新規ドキュメント］画面上部のメニューから［Web］を選択し、プリセット［Web(大)］を選択して［作成］をクリックします **01**。

ツールパネルのアートボードツール **02** をダブルクリックするか、アートボードツールを選択してreturn［enter］キーを押して［アートボードオプション］ダイアログを開き、アートボードの［高さ］を3700pxにします **03**。

同時に、アートボードの［名前］も「lp-design」な

どわかりやすいものにしておきましょう **04**。

アートボード名は、アートボードパネルの名前部分をダブルクリックしても変更できます。

ここで制作するランディングページは、PC、タブレット、スマートフォンなど、デバイスの画面サイズごとにデザインを作成せずに、ひとつのデザインでカバーするレイアウトにします。もしもタブレットやスマートフォンなど画面ごとに作成する場合は、アートボード名に「lp-design-tablet」などサイズのわかる名前をつけるようにしましょう。

● スマートフォンサイズのガイド作成 ●

02
全体のサイズはPC用として1920px幅で作成しましたが、スマートフォンの場合はどうするかを事前に決めておく必要があります。

ここでは、主要コンテンツをスマートフォンサイズで作成しつつ、PC表示の際はヘッダーだけレスポンシブ（可変）で広げる、という方法を取ります。そこでスマートフォンのサイズを確認できるガイドを用意しておきます。

ガイドの元となる幅750×3700pxの長方形を作成し **01**、アートボードの中央に配置します **02**。750pxは、Illustratorのデフォルトにも用意されているモバイルのサイズ［iPhone 8/7/6］を基準にしています。

［表示］メニューの［ガイド］から［ガイドを作成］を選択し **03**、コンテンツレイアウトのガイドとして作成しておきます **04**。

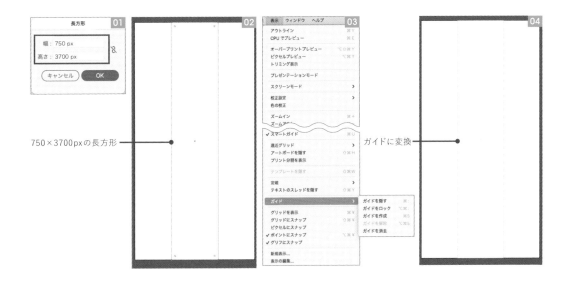

750×3700pxの長方形 —————●

ガイドに変換 ————●

背景の配置

01
ここでの背景はパターンで表示できる画像を使用します。
[ファイル]メニューから[配置]を選択し、ダイアログでサンプルデータの「lp-bk.jpg」ファイルを選択します。画像を埋め込むので、[リンク]のチェックは外した上で[配置]をクリックします **01**。

スウォッチパネルを開き、背景用画像をドラッグしてパターンとして登録します **02**。リンク画像ではパターン登録できないので注意しましょう。
アートボード全体サイズ1920×3700pxの長方形を作成し、その塗りに、登録したパターンを適用します **03**。

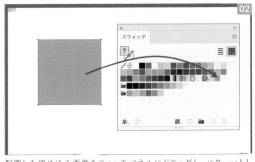

配置した埋め込み画像をスウォッチパネルにドラッグし、パターンとして登録する

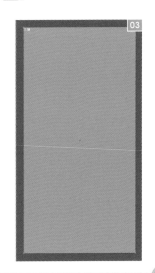

Point

背景画像は容量に注意

Webサイトの場合、背景を大きな一枚絵で用意してしまうと容量が大きく読み込みまでの時間もかかってしまいます。パターンで埋める背景は事前に作成しておくようにしましょう。
本書の背景は、そのまま構築用素材として使えるような上下左右に切れ目のない画像を使用しています。

Chapter 4

·02·

レイヤーはひとつではなく、状態や要素の種類ごとに分けておくようにしましょう。
ここで作成した背景は、レイヤー名を「back」として、ロックをかけておきます。また、今後のデザインをするための「Design」レイヤーもここで作成しておきます 01 。

背景画像を配置した「back」レイヤーはロックをかけておく

ヘッダーの作成

01 長方形ツールで1920×1200pxの長方形を作成し 01 、アートボードの上端、左右中央で配置します。
次に、[ファイル] メニューの [配置] で、サンプルデータの「nogata-shikun〜.jpeg」ファイルを長方形の背面に配置します 02 。
オブジェクトの前面、背面の前後関係はオブジェクトを右クリックし、[重ね順] から [背面へ] 03 の選択で変更できます。
[オブジェクト] メニューの [重ね順] や、レイヤーパネルでリスト中のレイヤー名を上下にドラッグして前後関係を変更することもできます。自分のやりやすい方法やショートカットを覚えておくとよいでしょう。

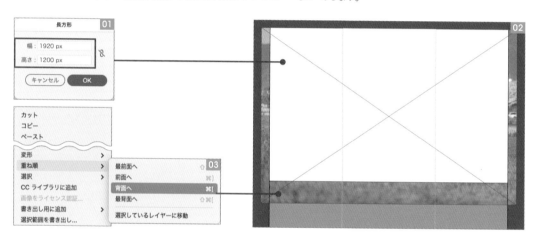

·02·

背景画像はスマートスマートフォン用のガイドから子供がはみ出さない程度にレイアウトしてから、前面の長方形でマスクをかけます。
背景画像と長方形両方を選択し、[オブジェクト] メニューの [クリッピングマスク] から [作成] を選択します 01 。

·03·

背景以外の要素はサンプルデータの「素材.ai」ファイルからコピー&ペーストで配置してください。ロゴは最上部に、キャッチコピーは左右中央に、「開催中」の煽りは少し右寄せで配置します

コンテンツの作成

·01·

「50%OFF」と煽り文句の入ったルーズリーフ調のグループも、左右中央、アートボードの下に揃えた状態でレイアウトします 01。
このグループ内にある便箋風の罫線はパターンで作成されています。
スウォッチパネル内にある「sample-note_line」をダブルクリックで開くと、設定を見たり、変更したりできます 02。ここでは[高さ]:80pxとして、便箋の間隔を80pxに設定しています。この後のテキスト配置で使うのでこの80pxを覚えておきましょう。

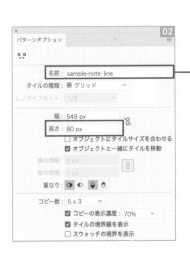

·02·

幅570pxの長方形を作成します 。ここでは高さを含め、塗りや線などは特に指定はありません。あまり小さすぎても作業しにくくなるので、高さだけ500px以上で指定してください 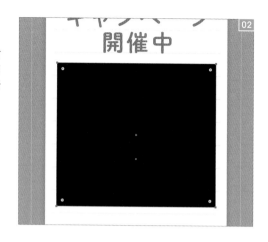。

·03·

サンプルデータの「テキスト.txt」ファイルにあるテキストデータをコピーし、再びIllustratorに戻ります。
文字ツールの状態で先ほど作成した570px幅のオブジェクトの上下左右、どこでもかまわないので、長方形の線の部分、つまりパス上をクリックしてください。クリックすると、エリア内文字ツールに切り替わるので、コピーしておいたテキストをペーストで流し込みます 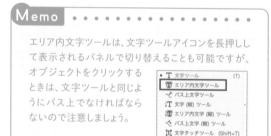。

Memo

エリア内文字ツールは、文字ツールアイコンを長押しして表示されるパネルで切り替えることも可能ですが、オブジェクトをクリックするときは、文字ツールと同じようにパス上でなければならないので注意しましょう。

·04·

入力した文字を、 のように設定します。

- Noto Sans CJK JP Light（Adobe Fonts使用）
- フォントサイズ：34px
- 行送り：80px

上記の設定になっていれば、背景の便箋と同じ間隔で配置ができます。

·05·

エリア内テキストは文字数が多いと最下部が切れてしまうので、テキストエリアの最下部にある表示切り替え用のポイントをダブルクリックして自動サイズ調整を有効にしておきます 01 02 。

ダブルクリック

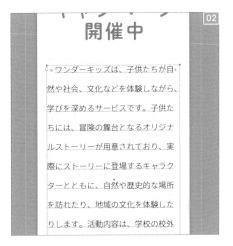

·06·

サンプルデータの「素材.ai」ファイルにある「冒険までの流れ」の要素をコピーして左右中央で配置します。
このコンテンツはノート風の背景からはみ出しますが、スマートフォン用のガイド内には収まるサイズになっています 01 。

ボタンの作成

01 レイヤーパネルに「button-a」と「button-hover」を作成します 01 。「a」はanchor（アンカー）、つまりリンク用という意味で、「hover」はマウスを乗せた状態を表しています。

サンプルデータの「ボタン.ai」ファイルからボタン素材をコピーします。
青いボタンを「button-a」レイヤー、茶色のボタンを「button-hover」レイヤーに配置します 02 。

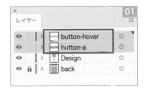

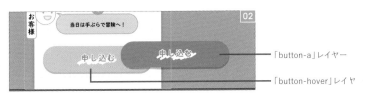

「button-a」レイヤー

「button-hover」レイヤ

·02·

レイヤーの移動は、オブジェクトを選択した状態でレイヤーパネル内の右に表示されるカラー（色は状況により違います）のついたカラーボックスを、任意のレイヤーにドラッグすれば移動できます 01 。

それぞれのボタンを左右中央、同じ高さで配置します。

レイヤーパネルの目のアイコン◉をクリックすることで、それぞれの状態を確認できるので、レイアウトなどがずれていないかチェックしましょう 02 03 。

クリックしてレイヤーを表示／非表示

オブジェクトを選択し、カラーボックスをドラッグして移動

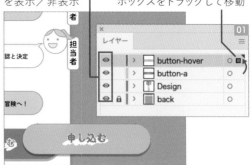

button-aレイヤーを非表示

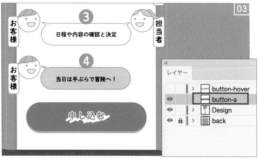

button-hoverレイヤーを非表示

·03·

サンプルデータの「テキスト.txt」ファイルから最下部のコピーライト表記をコピーします。フォントサイズは先のテキストよりも少し小さくしています 01 。

- Noto Sans CJK JP Light（Adobe Fonts使用）
- フォントサイズ：28px

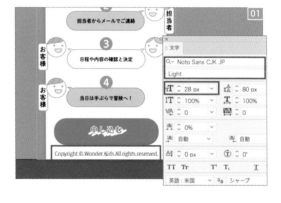

レイヤーの調整

·01·

新たに「text」というレイヤーを追加し 01 、画像ではなくテキストデータのままで表現する文字をレイヤー分けします。ここではNoto Sans CJK JPフォントを設定したテキストです。

先ほどと同様に、移動させたいテキストを選択した状態でレイヤー間をドラッグし、「text」レイヤーにテキストを移動させておきます 02 。

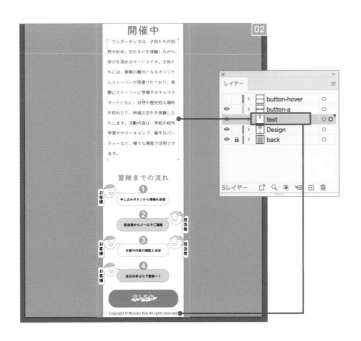

書き出し

レスポンシブWebデザインなど構築の方法や表現方法により、画像の書き出しにはさまざまな方法がとられますが、ここでは「バナー画像を作成する」で紹介した[スクリーン用に書き出し](P.237)を使わずに、パーツごとの書き出しとアートボード上で分割した書き出しの方法を紹介します。

- ● ヘッダー背景の写真 ●

01 ヘッダー部の大きな写真は、キャンペーン型のランディングページなどグラフィック主体の自由なレイアウトの場合はまとめて書き出すことも多いですが、ここでは写真のみを素材として書き出してみましょう。

アートボード上の写真を選択して、アセットの書き出しパネル（[ウィンドウ]メニュー→[アセットの書き出し]）内にドラッグするか、[選択範囲から単一のアセットを生成]アイコン ⊞ をクリックすると、「アセット 1」や「アセット 2」などの名前で項目に追加されます 01 。

アセットの名称はダブルクリックで変更できます。写真の名称を「header-bk」などわかりやすいものに変更しておきましょう 02 。

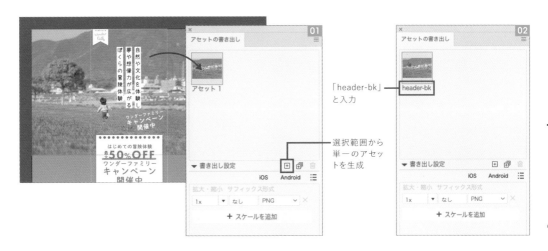

「header-bk」
と入力

選択範囲から
単一のアセッ
トを生成

Chapter 4

02 書き出したいアセットを選択すると青い線で囲まれてアクティブ状態になります 01。
[書き出し設定]で[1x]、[JPG 100]を選択し、[書き出し]をクリックして、保存場所を指定して

書き出します 02。
ここでは、PCやスマートフォンすべてに共通素材として使用するので、書き出しの拡大や画像形式も同じものとして1種類のみで書き出します。

ボタンの書き出し

01 アセットの書き出しパネルへの登録は、グループ単位でひとつのアセットと見なされます。逆に言えば、グループにしていないオブジェクトはまとめて登録することもできます。
通常ボタンの「button-a」、茶色のホバーボタンの

「button-hover」レイヤーの両方をまとめて選択し、アセットの書き出しパネルへドラッグして追加しましょう 01。
ボタンのアセット名は「btn-a」、「btn-hover」など状態がわかるようにしておきます 02。

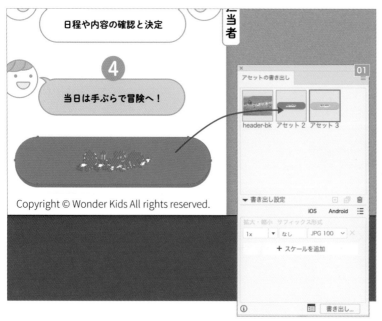